「資源」「環境」「こころ」のリファイン

日本リファイン半世紀の“輝跡”

地下資源から地上資源活用へ！

日刊工業新聞特別取材班♣編

日刊工業新聞社

川瀬泰淳 尾関照代 婚礼
(1957年)

前列より二列目
左　川瀬顧一
左より三人目　尾関静子
左より四人目　尾関芳助

前列
左より二人目　川瀬タミ
左より三人目　尾関照代
左より四人目　川瀬泰淳

川瀬家(1963年)
左より
川瀬泰淳
　　泰人
　　照代

豊田化学工業㈱時代
(1964年頃)
左より二人目　川瀬泰淳

泰人運動会（1967年）
左より
川瀬泰之
　　泰人

大垣蒸溜工業㈱
（1970年）

左　川瀬泰淳
←事務所内
↓外観

市原蒸溜（1975年）

千葉蒸溜（1978年）

川瀬泰人　金沢大学時代（1977年）
左より三人目　川瀬泰人

泰人高校３年生（1975年）

金沢大学　軟式庭球部（1978年）
前より二列目　右より一人目　川瀬泰人
前より四列目　右より三人目　三谷敏幸 経営推進本部長
前より五列目　右より四人目　山林悟志 内部監査

一越ビルにて（1986年頃）
川瀬泰淳

入社当時（1986年）
川瀬泰人

輪之内工場竣工祝賀会（1987年）
左より　北川銹一　尾関芳男　川瀬泰淳　川瀬泰人　尾関芳弘

川瀬泰人　専務に就任（1993年）
左より　清水晴次　川瀬泰人　坂本光良

大垣営業メンバー（1993年頃）
左より一人目　林和仁
左より二人目　石田武美
左より四人目　川瀬照代
左より五人目　長谷川光彦
左より七人目　堀博

東京営業メンバー（1997年頃）
左より　早川正祥　村西弘行　中村康弘　島村美智夫　古川稔晃　本杉学

展示会
「リサイクル・テクノロジー・ジャパン」
(1995年)

左より
川瀬泰人
坂本光良
山田幾穂先生

台湾瑞環股份有限公司設立 (2000年)
左より四人目より　川瀬泰淳　川瀬泰之　劉芳芝

「蘇州瑞環プロジェクト」メンバー
(2003年)
後列左より
野田和秀
長谷川光彦
高橋幸良
李基良
前例左より
山林悟志
前列左より三人目
川瀬泰人
李明芳

はじめに

日刊工業新聞記者が日本リファインを取材し始めてから30年以上になる。これほどの長期にわたる取材を可能にしてきたのは、ほかならぬ、同社の活発な経営活動によって、常に、ニュースの〝ネタ〟が尽きないからである。

長期にわたって定期的に取材し、その都度、技術革新など先端的な情報を発信できるケースは、中堅・中小企業にとっては極めて数少ない。

そもそも、同社を取材するきっかけとなったのは、廃溶剤を独自の蒸留・分離技術によって再生するというビジネスモデルを確立し、環境保全とともに省資源化に貢献している事業活動に、大きな関心を持ったからである。

日本リファインが創業したのは１９６６年。その当時、国内は高度成長期で、多くの企業が大量生産・大量販売に注力し、環境保全をターゲットに、起業する中小企業はほとんどなかった。

周知のように、国内の産業が環境保全を意識し始めたのは、高度成長後期、すなわち、石油ショックによって、高度成長から低成長へと移行し、高度成長期の〝歪み〟が、水質汚濁や大気汚染などの形で表面化し、それが〝公害問題〟としてクローズアップしてからである。

このため、各産業界は、公害に対処した機器や装置、技術を懸命に開発し、公害解消に努めた。そして、産業社会から一般社会にわたって、環境保全の重要性が認識されるに至った。

こうした歴史的背景の中で、日本リファインは、環境保全および省資源化を目指して立ち上がった、当時では稀有なベンチャー企業であった。

そのベンチャー企業が、今日では、自動車や電気・電子、医薬など、国内の基幹産業を側面から支える、なくてはならない存在として評価されるまでに成長した。

日本リファインの発展は、何故、可能になったのだろう。長い取材経験から分析すると、数々の特異性に気付く。

一つは、「産学連携」という概念が一般化していなかった創業当初からこれを実践し、蒸留工学の第一人者で、名古屋工業大学の教授だった山田幾穂氏（故人）の指導の下で、最先端の蒸留技術を意欲的に開発していったことである。

これに関連し、2代目社長となった川瀬泰人氏は同教授の指導とともに、名古屋大学でも学び、工学博士号を取得。同氏のほかに、社内には10名前後の博士号をもつスタッフがおり、各部門で活躍している。

活躍と言えば、同社は早くからグローバル化にも注力し、業界に先駆けて、中国などで海外生産を行うとともに、アジアや欧米出身の役員、幹部、社員が第一線で活躍するなど、多国籍化の強みを発揮しているのも特徴的だ。

二つめは、廃溶剤リサイクル業界において、ほとんどの企業が廃溶剤の再生事業を行っていたのに対し、創業者の川瀬泰淳氏は再生に止まらず、これを独自の蒸留・分離技術で高純度に精製する〝化学会社〟に業態を高度化したことである。

泰淳氏は、自社の経営の枠に止まらず、業界のリーダーとして、組織化に注力し、日本溶剤リサイクル工業会を設立。初代会長として、溶剤リサイクル業界の高度化、発展に貢献してきた。

三つめは、創業者と後継者のバトンタッチにより、新しい付加価値を生み出してきた点である。

泰淳氏は創業者として、技術開発をはじめ供給体制の構築や市場・顧客の開拓などに注力し、同社の経営基盤を確立した。

余談だが、同社が千葉に進出したころ、幅広い営業活動によって、「千葉で、川瀬泰淳氏を知らない人はいない」とまで言われるほどに、地元の産業界で名が知られていたことを思い出す。市場開拓に全力投入していたのである。

2代目の泰人氏は、まだ、コンピュータが普及していない1980年代からIT戦略を打ち出し、研究開発や営業分野などにITを導入。コンピュータならではの効率的な研究開発や科学的な営業手法などによって、新分野の市場開拓はもとより、高付加価値分野の顧客を次々に確保していった。

こうした泰淳氏の情熱と活躍、泰人氏の業態を変革させる努力によって、日本リファインは、世代ごとに、新しい、大きな付加価値を生み出していったのである。

本書は、第1章から第5章で構成。日本リファインの生い立ちから成長、この間における経営問題や苦悩、夢への挑戦、そのプロセス、さらには近未来戦略などを記したものである。

また、記述に際し、日本リファインがベンチャー企業から中堅企業に成長していったことから、中堅・中小企業にとって、エンドレステーマである人材の確保や育成、後継者への引継ぎ、本格化するグローバル時代への対応、そして経営の屋台骨を揺るがす構造的問題とその対応などに触れ、中小企業経営者に役に立つように心掛けた。経営の一助になれば、幸いである。

なお、本書の出版に際し、日本リファイン取締役の長谷川光彦氏、同経営事業企画部の成瀬和己氏に多大なご協力を賜りました。感謝申し上げます。

2016年7月

日刊工業新聞特別取材班

目次

第3章 トップランナーの苦悩

第4章 出会い

第5章 国際化への道

第1章　創業者　泰淳の夢

1．川瀬家の教え

〝すべては水に始まる〟と言い伝えられるほど、湧水豊かな〝水都・大垣〟―。標高3000メートル級の山々が、険を競う岐阜と長野県にまたがる北アルプスを源流に、そのひと滴はやがて伊勢湾に注ぐ木曽川、長良川、揖斐川の〝木曽三川〟となり、肥沃な濃尾平野をつくる。

〝日本列島のへそ〟とされる濃尾平野の西濃地域に位置する岐阜県大垣市は、木曽三川と豊かな大地に恵まれ、日本を代表するイビデンや西濃運輸等の企業を輩出し、岐阜経済を牽引する第1の工業都市でもある。

俳聖松尾芭蕉の「奥の細道」のむすびの地としても知られる大垣市、その隣町の揖斐郡池田町は溶剤リサイクル事業の先駆者、日本リファイン（前身は大垣蒸溜工業）の2代目社長川瀬泰人の厳父、裸一貫で立ち上げた創業者川瀬泰淳名誉会長の先祖代々の地でもあった。

故郷・大垣に託す

戦前戦後に、豊かな水と質の高い労働力を求めて鐘紡（現カネボウ）、帝人、大日本紡績（現ユニチカ）、近江絹糸（現オーミケンシ）など、名代の大企業が工場進出し、大垣市一帯は繊維の町として栄えた。

しかし、昭和30年代（１９５５年～）から40年代（１９６５年～）後半にかけて街の表情は一変する。合成繊維の北米への大量輸出にアメリカ国内の繊維業界は反発し、政治問題に発展した日米繊維摩擦や東南アジア諸国を筆頭とする新興国の台頭で輸出は徐々に細り、日本経済を牽引した繊維産業は衰退の道を辿る。その影響は当然、大垣市の産業にもおよび、大垣一帯から進出企業の工場閉鎖が相次ぎ、〝機織りの音〟は消えていった。残された工場跡地には大規模ショッピングセンターが続々と建設され、今やかつての面影はない。

その大垣市が東西交通の要衝という恵まれた立地と、木曽三川に代表される豊富な水資源を活かし、現在、電子部品や自動車部品を製造するものづくり産業やソフトピアジャパンを拠点としたIT産業など、多彩で高度な技術が必要とされる最先端企業が集積し、日本のハイテク産業都市として注目されている。

1966年6月、大垣市西之川町の水田地帯に川瀬泰淳が身命を賭してつくりあげたのが大垣蒸溜工業である。当時、リサイクル事業としてまだ確立されていなかった使用済み溶剤の処理と再資源化の道を拓き、後に2代目社長川瀬泰人が提唱するアップサイクル技術でリサイクル業界を牽引する、日本リファインの創業工場であった。

〝かけがえのない地球〟――。自然破壊、エネルギーの収奪、使用済み溶剤の未処理による環境悪化を防ぎ、「限りある資源の延命と、環境保全」を終生のテーマにする泰淳が夢を紡いだ工場であった。

希薄だった環境意識

戦後の混乱を乗り越え、日本の人口が1億人を突破する一方で、東京オリンピックや大阪万博等の国家プロジェクトを通じて、増大する日本の国力を世界に発信した昭和30年代（1955年〜）から40年代（1965年〜）。産業活動の血液となる石油化学コンビナートが各地に出現するなど、日本は高度経済成長路線をひた走っていた。

「もはや戦後ではない」――。

可処分所得は倍増し、多くの国民が恩恵を受ける半面、衣食住の生活スタイルは個性化し、豊かさは日本文化の変革を促し多様性をもたらした。日本人の美徳であった質素・倹約の価値観は揺らぎ、使い捨てがもてはやされる〝大量生産・大量消費〟の時代がやってきた。

それはまた、負の遺産を産み落とす時代の始まりでもあった。公害など、いわゆる環境問題である。経済大国への道を目指した高度経済成長路線は、敗戦で病んだ日本の復興を短期間で成し遂げることに成功したが、それに伴って生じるもう1つの問題は置き去りにされた。産業廃棄物の処理であった。

当時、産業界はものをつくること、つまりコストダウンや生産の効率化、省力化に注力し、製造過程で生み出される廃棄物処理や汚染問題の解決は二の次となっていた。それほどまでに生産優先で、企業が排出する廃溶剤（産業廃棄物）の再利用には見向きもしなかった。

「戦後10年から15年くらいの時ですから、ものをつくるのに精一杯でした。製造設備を導入するだけでも資金がかかります。そこから出る廃液、廃材、つまりカネのかかるゴミ処理まで手が回らないというのが現実でした」

生産優先の陰に隠れ、見過ごされていた環境に対する意識の希薄さに、川瀬泰淳は危機感を持った。

「当時は捨てるしかない。処分するだけです。ここに、私の嗅覚というか、事業欲が反応したのです」

大阪の塗装機メーカーに就職し、セールスエンジニアとして全国を飛び回っていた経験が泰淳の事業探索用アンテナを激しく揺さぶった。

ゴミはかけがえのない〝資源〟

「シンナー等の溶剤が環境に悪影響を及ぼし、その対策が日本社会の一大テーマになり、同時に企業の果たすべき責任になる」

川瀬泰淳は１９６５年前後、すでに産業廃棄物、特に工業製品や医薬品の製造過程で欠かせない溶剤（揮発性有機化合物＝ＶＯＣ）を独自の視点、別の角度から冷静に分析していた。

「使用済みの溶剤は再生に値する貴重な資源になり、利益を産むニワトリになるのではないか」

泰淳は誰も気づかない魅力、埋もれている価値を見出していた。その頃、まだ漠然とはしていたが、廃棄物利用のビジネスモデルが頭の中を駆け巡っていた。

ゴミは〝資源〟と喝破する泰淳の独特の目線は、大学を卒業し塗装装置業界に身を置いたサラリーマン時代に培った眼力によるものに違いないが、今から50年以上前のことである。自然破壊、地球温暖化等、今でこそ世界的課題となっている環境問題や求められる企業の社会的責任（ＣＳＲ）を考えると、泰淳の嗅覚、先見の明に脱帽する以外にないだろう。

万物に対する分け隔てのない父、〝もったいない〟が口癖だった母。泰淳は両親の背中をみて、人としての〝分〟を学び、生誕の地であり幼少年期を過ごした台湾・

高雄の自然に接し、環境に対するやさしい目線が育まれた。多感な青春時代に失敗や挫折を味わい、それを糧にして経営者としての資質を磨き、過酷な戦争体験によって逃げ道を閉ざす覚悟が鍛えられた。

川瀬家の教えや挫折、戦争体験が使用済み溶剤の処理、再利用・再資源化の道を切り拓き、資源延命と〝かけがえのない地球〟を終生のテーマとする希代の実業家川瀬泰淳が誕生したのである。

台湾・高雄市に生まれる

父川瀬顧一《こいち》、母タミ、7歳下の弟泰教《やすのり》の4人家族の長男として、川瀬泰淳は1929年1月22日、日本の統治下にあった台湾・高雄市に生まれた。台湾中北部に位置する苗栗県苗栗市《びょうりつし》に住む祖父川瀬政吉は、台湾総督府の軍務（特別高等警察）で島内の治安維持を任務とし、顧一は日本でいう県庁や区役所の公務員で、ロウ紙に鉄筆で文字を書くガリ版（謄写版）業務に従事していた。

昭和10年代（1935年〜）の初め、当時20歳代後半に差しかかっていた顧一は心機一転、独立を目指した。本土では青年将校のクーデターによる二・二六事件や大本営が設置され、軍靴の足音が高まりだした時代であった。

ところが台湾は比較的平穏で、日々の暮らしに不満はないが、現状に満足しているわけでもなかった。強いて言えば、抑え切れぬチャレンジ精神、ふつふつと湧き上がる事業意欲が独立に駆り立てた。顧一はガリ版の経験を活かし、官庁や自治体から伝票類の印刷を請け負う「日本印刷」を高雄市に立ち上げ、事業家として第2の人生のスタートを切った。

別に勝算があるわけではなかった。後にアパート経営に乗り出すタミにも宿るチャレンジ精神と事業意欲は、川瀬家の血筋として長男泰淳にも受け継がれていることは、泰淳の人生をみれば明らかであろう。

日本印刷は、主に日系企業が顧客だった。高いガリ版技術と日本人特有のきめ細かな商売でお客を増やし、事業は拡大の一途となった。機をみて、顧一は攻勢にでる。高雄市に本格的な印刷工場を建設することを決断した。ガリ版印刷から当時、普及しだしたオフセット印刷に切り替え、パイナップル缶詰用ラベルの制作に乗り出した。

オフセット印刷は刷版についたインキを、ブランケット（ゴム製の転写ローラー）にいったん移し（Off）、そのブランケットを介して印刷用紙に転写（Set）する方式だが、文字や写真をきれいに印刷することができ、かつ高速・大量印刷が可能であった。

大胆なオフセットへの切り替えが功を奏し、最盛期には従業員150人を抱える印刷業界大手に成長する。だが、成功は長く続かなかった。1945年8月の敗戦を機に、印刷工場を手放し無一文で日本に帰国することになる。

戦前の台湾はセメント会社を筆頭に多くの日系企業が進出し、日本人社員やその家族は台湾全土に住んでいた。台湾における日本人は社会的、経済的に恵まれた環境に置かれ、祖父母を含む川瀬家は台湾社会では高級階級に属する、現地の人からすれば憧れといってもよい存在であった。

母の教え〝もったいない〟

泰淳が尋常小学校に上がるまで、川瀬家は日本人が比較的多く住む高雄市塩定町に居を構えていた。病弱だったものの、地元の台湾の子供たちに溶け込み、自然豊かな高雄郊外の山野を駆け回り〝チャンバラ〟遊びを得意とする腕白少年だった。夕方になると、町の真ん中を流れる現在の愛河で、時間を忘れ釣り糸を垂れた。社会人になって釣りを趣味とするようになったのは、「この頃の郷愁があったから」と回想するが、それほど心癒やされる町であった。

その後、小学校への通学事情と父川瀬顧一の事業の関係から、同じ高雄市の堀江町と入舟町へ2回、引っ越すことになる。そこでも高級階級に属する川瀬家だが、華美で贅沢三昧の暮らしには見向きもせず、茶碗にごはん粒一つ残すことを許さない、躾に厳しい家庭であったという。

「もったいないでしょう。お百姓さんの汗と苦労を思いやりなさい」

明治・大正時代の女性同様、母タミは日本人の美徳とされた〝質素と倹約〟を旨とし、育ち盛りの泰淳をやさしく諭すのが常だった。破れた障子や色褪せた襖は張り替え、綻んだ衣服は繕い、残った食事も捨てることはなく、新たに手を加えて食すなど、2人の子供たちに質素と倹約の大切さを事あるごとに教え続けた。それが、泰淳の精神的支柱となっている。

「貧しいと感じたことは一度もなかった。それよりも、ものを慈しみ感謝する心を躾けられた」

母タミの口癖の〝もったいない〟が身に染みつき、母の躾、教えからはみ出すことはなかった。食べ物や衣服、鉛筆や消しゴムなどの筆記具だけでなく、人との絆の大切さも厳しく教えられ「今日の私がある」と感謝する。

抱えきれないほどの愛情で、泰淳や二男泰教を立派な人間に育てたタミは2003年12月7日、世を去る。享年97歳、天寿を全うした大往生であった。

祖父母の住む苗栗市へ

1935年4月、川瀬泰淳は高雄市の日本人学校、台湾の裕福な家庭の子供も在席する堀江尋常小学校に入学した。堀江小は現在も台湾人の小学校として存続している。日本の級友や台湾の友達に恵まれ、学業の成績も良く順風だったが小学3年生になると突然、風向きが変わる。「家庭の事情」という大人の身勝手な理由で、泰淳は大好きな故郷や遊び仲間、級友との別離を強いられた。父川瀬顧一の言いつけで、高雄とは真逆に位置する苗栗市の祖父母の元に行くことになった。

おぼろ気だが、泰淳はその時の光景を覚えている。戦前の日本は家父長制が色濃く残り、父親は絶対的存在であった。両親の前で正座する泰淳に、父から「祖父母の元への転居」を言い渡されたときであった。父の声を耳にした瞬間、泰淳は膝の上に乗せていた両手を強く握りしめた。

「私は顔も上げず、拳を握ったまま返事もしませんでした。普段、そんな態度をとったら、怒鳴られ鉄拳が飛んでくるところですが、父は『わかったな』とだけ声をかけ、さがりました」

それでも泰淳は下を向いたまま、動かなかった。動かなかったのは泰淳だけではなかった。反抗的な態度をとる聞き分けのない泰淳を諌めるためか、それとも遠くに出さざるを得ない不憫な身を案じてなのか、母タミもその場から動こうとはせず、静かに泰淳をみつめていた。

「そのときの寂しく、悲しそうな母の顔が忘れられない」

幼いなりにも、家族の元を離れ独り転居する理由、大人がつくりだす「家庭の事情」を泰淳は受け入れることができなかった。受け入れる云々というより、「何故、転居しなければならないか」ということを、きちんと理解できなかった。

多忙極めた両親

当たり前のことだが、家庭の事情は両親がつくりだしたものだった。泰淳が小学校に入学した2年前に父顧一は印刷業を興したが、オフセット印刷と顧一の腕が評価されて事業は上昇気流に乗っていた。しかも、熱帯産パイナップルは海外、特に食す機会の少ない北欧諸国で評判を呼んだ。日系企業が製造・加工する台湾産のパイナップル缶詰の輸出は増加の一途で、フル生産でも追いつかないほどであったという。当然、缶詰用ラベルの作成も繁忙を極めた。

「家で、父の姿をめったにみなかった」――。

泰淳はこう述懐するが、ちょうどその頃、印刷工場の製造増強計画が浮上していた。その案件も重なり、顧一は朝から晩まで外を駆けずり回る毎日で、家庭を顧みる時間は皆無であった。

母タミにも大きな転機が訪れようとしていた。台湾の政治、経済は比較的安定し、日本企業の台湾進出は一段と活発化していた。何ごとにも前向きで好奇心旺盛な夕ミは、誰も考えつかなかったアパート経営を思いつく。

前にも述べたが、顧一の事業は順調で川瀬家の家計が火の車だったわけではない。今後も、日本からの出張族や単身赴任者の増加が見込まれていた。ところが、高雄市周辺はお腹を満たす飲食店は数えるほどしかなく、衣食住の整備や確保が大きな課題として日系社会に広がっていた。そんな事情から夕ミは閃いた。

「温かいお風呂とお食事を提供したら、喜ばれるのではないかしら」

試行錯誤の結果、夕ミは日本の食卓を思い出す食事を心がけ、布団と枕の眠り、寛げる畳とお風呂を提供する、日本流の食事付きアパート経営に乗り出した。

「世話好きが高じたとしか思えない」――。

泰淳は苦笑するが、チャレンジ精神と〝ゴミを資源〟と喝破した泰淳の目線は母親譲りといっても過言ではないであろう。この日本流アイディアが当たり、堀江町の自宅近くに建てた共同浴場を備えた2階建て14室のアパートは、短期滞在者を含めいつも満室だったという。

現代風に言えば、川瀬夕ミは新たなビジネスモデルを確立したチャレンジ精神旺盛な女性であり、社会進出の先駆けというべき母親であった。そんな母を誇りに思う半面、川瀬泰淳は当時を振り返り、「いつも独りで、甘える相手もなく寂しくて、すねていた」と、心情を吐露する。

結局、泰淳は独り苗栗市に向かった。小学3年生になったばかりの春であった。祖父川瀬政吉、祖母静江が住む苗栗市は島中北部に位置し、北は新竹県、南は台中市、西は台湾海峡に接する。当時は貧しく、日本人学校もない殺風景な田舎町であった。祖父母の家は1歳年上の叔父と、泰淳を含めると計4人家族だった。そんな生活が小学4年生まで続いたが、急に親元に帰ることになった。

「今でいう〝ヤンチャ〟が過ぎたようです」

後に「第1の反抗期」と泰淳は苦笑するが、祖父母が側にいるとはいえ泰淳はまだ10歳に届かない子供であった。両親のある意味身勝手な理由から、「家族から追い出された」と受け取ることしかできなかった鬱屈した感情が、悪戯を越えた悪さを誘発したのであった。現地の警察も手を焼き、厳格な祖父もサジを投げた形で5年生に昇級する前に、泰淳は高雄市に帰された。

医学を志し奈良・天理中へ

１９４１年3月、高雄市堀江尋常小学校を卒業した川瀬泰淳は、５、６年生時に腸チフスと脊髄カリエスの病魔にとりつかれた自分を呪い、医学で身を立てる決心をして、祖国日本に向かう船に飛び乗った。その年の春、医学に必須のドイツ語授業があった奈良県の天理第二中学校（現天理高校）へ単身入学する。当時、日本は英語廃止論が横行し、学校での語学はドイツ語と中国語しか教えていなかった。

１９０８年設立の天理第二中学校は学生寮が完備され、父顧一と母タミは安心して泰淳を送り出した。しかし、同じ日本人でありながら台湾から進学してきたという理由で、辛い仕打ちを受けることも多かった。

海外に暮らす小中学生が憧れた日本国内への進学が実現したが、台湾・高雄で比較的順調に歩んでいた泰淳の人生は、内地の土を踏むと一変する。その年の暮れ、後に日本を破滅に導く太平洋戦争が勃発した。

陸軍に志願し特幹1期生に

医学を志していた川瀬泰淳も、時流に逆らうことはできなかった。1943年3月天理第二中学校を繰り上げ卒業し、暮れも押し迫った12月中旬、父顧一、母タミの了解を得ぬまま陸軍特別幹部候補生に志願して選抜される。略称で言うと〝特幹〟で、泰淳はその第1期生となった。

「お国のために」――。

両親は海の彼方の台湾におり、死を覚悟した泰淳の独断であった。階級は星3つ、下士官の1番上の曹長であった。翌年4月、特幹第1期生は埼玉県所沢や栃木県宇都宮、愛媛県松山、島根県松江など、各地の実施学校へ入校、あるいは飛行教育隊に入隊した。泰淳は滋賀県神埼郡八日市の第8航空教育隊に入隊し、1年間整備兵として教育を受ける。

その後、戦地に派遣されるはずだったが、成績優良のため整備士の教育責任者に任命された。仲間4、5人とともに、機付長《きづきちょう》として福岡の大刀洗《たちあらい》陸軍飛行学校をはじめ、宮古島、関東地区、そして台湾の屏東及び台北と、各地の飛行場を転々とすることになる。

泰淳は中学時代の寮生活、太平洋戦争時の体験、飛行教育隊の軍隊経験から、次のように語っている。

「中学での寮生活とその後の軍隊生活で、私の人間形成ができあがりました。つまり、その場で起こったことはその場で、自ら行動しチャレンジするという自己完結型の発生主義が植え付けられたのです。現在の仕事においてもこの考え方を貫き、事業においても活きていると思います」

出撃叶わず負い目に

戦闘が激しくなった1944年秋、泰淳は福岡・大刀洗の任務を終え、10名以上20名以下の整備士で組織する独立中隊の一員として、台湾の南部、故郷の高雄よりもさらに南の屏東に渡った。その頃、戦闘部隊を支援する教育本隊は3、4ヵ月に1回のペースで、中国や東南アジア諸国、沖縄などに、極秘裏に移動を繰り返していた。

そこの屏東地区に日本軍の秘密基地があり、泰淳らが整備する偵察機7、8機が駐機していた。偵察機は敵艦を発見し、その位置に特攻機を誘導することを任務としていた。台湾台北の北方、樹林口にも日本軍の秘密基地があった。ここから沖縄を防衛するために、泰淳と同世代の特攻隊員が片道切符で特攻機〝カミカゼ〟で出撃していった。帝国海軍が悪化する戦況を打開するために組織した神風特別攻撃隊の切り札であったが、あどけない顔をした若者達が次々と出撃しては、命を捨てて敵艦に向かい、海の藻屑となって消えていった。泰淳は出撃していく特攻機に手を振ることしかできなかった。そんな自分を激しく嫌悪した。

1944年6月、日本の生命線といわれたサイパン島守備隊が玉砕し、秋にはレイテ沖海戦へ神風特攻隊が出陣する。1945年になると、硫黄島における日本軍の玉砕、米軍の沖縄本島への上陸と、日本は徐々に追い詰められていく。

1945年8月6日広島に、9日には長崎に原子爆弾が投下されるにおよんで、日本はポツダム宣言（無条件降伏）を受諾した。夏の陽ざしが容赦なく照りつける8月15日、日本は敗戦という屈辱的な結末を迎えた。長い歳月をかけて築いてきた日本の価値観や文化は否定され、〝皇国・日本〟はもろくも崩れ去った。

結局、泰淳は終戦まで戦場に駆り出されることはなかった。同じ世代の若者が一命を祖国に捧げることを、傍観するしかなく泰淳にとって一生の負い目となったのである。

着の身着のまま帰国の途に

機付長として軍務を全うした川瀬泰淳は終戦と同時に、日本軍の秘密基地があった台湾台北の樹林口で現地除隊となり、家族が待つ高雄市の自宅に帰還した。高雄の山河は、茫然自失する泰淳を温かく迎えた。高雄を横断する愛河の水辺に佇み、澄清湖のほとりで腕を組み目をつぶると、戦友の顔が次から次に浮かんだ。

「祖国のために斃《たお》れた戦友への鎮魂をしなければ、死ねない」

緩やかに流れる時間が、やがて泰淳を前に向かわせた。病弱だった小さい頃からの望みであった医師の道を目指すため、日本で中途半端に終わった学業に復帰することを決意する。

「大切な生命を手助けし、戦友の無念を背負い祖国再興に貢献したい」

日本海の玄界灘が荒れ始める1945年11月、台湾の高雄港を出立し、福岡博多港経由で、復員兵となった泰淳は一般人の家族とともに1ヵ月を要して、神奈川県横須賀の久里浜港に着いた。

「さあ、これから」──。

船底の大部屋で膝を打って立ち上がったとき、川瀬一家というより乗船者全員に想定外の出来事が待っていた。博多港で各地からの引揚船が合流し、大型船に乗り換え、それぞれ目的港に向かうが、久里浜港行きに乗船した中国広東からの引揚者に伝染病の疑いが浮上した。

結局、復員兵を含め乗船者全員が久里浜港で引揚船に隔離され、足止めは1ヵ月以上に及んだという。

川瀬家の郷里、現在の岐阜県揖斐郡池田町に両親と7歳下の弟泰教と共に帰り着いたのは、翌年の1946年、東京・靖国神社の桜が咲きはじめた3月中旬、泰淳17歳の春であったという。

代々の郷土に戻り緊張が解けたせいか、川瀬泰淳は終戦直後同様、再び茫然自失の虚脱状態に陥った。気力が湧かなかった。それでも、生きていかなければならなかった。

「食べていくために、いろいろなアルバイトをしました。終戦後は焼け跡だらけの闇市の時代でしたから」

台湾時代、印刷業で財を成し実業家として羽振りのよかった父顧一は、池田町に戻ってから様々な事業を手がけたものの、いま一つ振るわず覇気も勢いも失っていた。チャレンジ精神旺盛でアパートを切り盛りしていた母タミは専業主婦に徹し、家族をサポートすることを大義としていた。そんな両親はあてにできず、弟泰教を含めた家族の面倒は17歳の泰淳の双肩にかかっていた。

帰国前に決意し、再び目指した医者への道は日本の悲惨な現状を知って、あきらめざるを得なかった。将来に希望が持てず、また自分の進む道を見出せず、自暴自棄になっていた。しかし、時代に反発し境遇を嘆く時間などないことも、泰淳は理解していた。

「食べていくのが精一杯でした。どこの家庭でも、そうでしょう。ただ、父や母にひもじい思いをさせたことが残念でなりませんでした」

医者への道を断念した悔しさと挫折は胸にしまった。両親への詫びは本音だろうが、それはまた約束を果たせなかった戦友へのお詫びでもあった。

小さく薄くなった背中

台湾を離れ日本に戻った父川瀬顧一は、高雄時代の辣腕を振るった実業家の面影はすっかり失せていた。川瀬泰淳の長男泰人、二男泰之、2人の孫に相好を崩す顧一は1980年11月4日、75歳で大垣市にて世を去った。晩年の顧一は背を丸め、うつむくことが多かった。厚くたくましい背中をみて育った泰淳は、小さく丸くなった父に心がざわついた。父が死んで20年ほど過ぎて、そのざわめきが大きくなった。日本リファインに台湾進出計画が浮上した1999年頃のことであった。

「何か、大切なことを忘れているのではないだろうか」――。

それ以降、泰淳は気持ちが落ちつかなかった。確かに、台湾高雄時代の裕福で充実した生活と、戦後日本に引き揚げてきた以降の生活や心の張り、潤いを比べれば、手指で表現できないほどの落差が生じていた。

「あれから父は、一度も台湾を訪れたことがなかった。父が愛し、人生のよりどころとした台湾の原風景を、もう一度、見せてやりたい」

泰淳の秘めた思いは、後（第5章）に述べるが、顧一が40歳のときに終戦で台湾を後にしてから56年後、世を去って21年後の２００１年に実現する。

工学の道へ進路変更

精神的に荒んでいた川瀬泰淳に転機が訪れたのは、母方の叔父である日本大学建築科教授森央二のアドバイスがきっかけであった。両親からの支援は期待できず、収入がアルバイトだけでは金のかかる医系大学への進学は無理であった。泰淳のためらいに、叔父はこう切り返し豪快に笑った。

「金がかからんといったら工学部しかないし、機械科なら勉強せんでも大丈夫だ」

１９４８年４月、泰淳は日本大学工学科専門部電気科に入学し、東京三鷹市の森夫妻宅に寄宿して、新しい生活へのスタートを切った。しかし、終戦後は食べるものもなく、筍《たけのこ》の皮を1枚ずつ剥ぐように身の回りのものを売って食糧を得るという〝筍生活〟を強いられた時代で、森家も例外ではなかった。叔父は大切な書籍を小脇に挟んで売りにいき、叔母は嫁入り道具の一部を売ってお米や味噌、醤油など必要最低限の食糧を確保していた。

「爪に火をともす」――。

東京三鷹でのそんな暮らし向きを間近でみて、泰淳は台湾時代の母を思い出さずにいられなかった。ただ、高雄の日々の暮らしは、貧しいという理由で節約に節約を重ねたわけではなかった。〝もったいない精神〟が、華美で贅沢な生活を遠ざけていたに過ぎなかった。ところが、終戦直後は食糧そのものがなく、それを手に入れるお金もなく誰もが空腹を抱え、生死の際をさまよう貧しさであった。

いつまでも叔父夫妻に甘え、世話になることに気が引けた。さりとて住むあてもなく、ただただ友人宅や知人の下宿先を転々としながら、泰淳は闇市でのアルバイトで生計を立てる日々であった。

2. 〝坂の上の雲〟を目指して

戦後、日本は〝坂の上の雲〟を目指し、欧米に追い付け追い越せと一斉に走り出した。川瀬泰淳もまた、遙か彼方の雲を追い求め走り続けてきた。立ち塞がる壁や逆風を、持ち前のバイタリティとチャレンジ魂ではね返し、使用済み溶剤を再利用する環境ビジネスを確立し、〝坂の上の雲〟を自らの手で掴んだ。その端緒となるのが、世界最大の自動車メーカー・トヨタ自動車のお膝元、名古屋への赴任であった。

首都東京や第2の都市大阪ではなく、トヨタを頂点に部品協力会社がピラミット型に連なる自動車産業の街との出会い、その縁《えにし》が戦争で挫折を味わった泰淳の人生に大きな影響を及ぼすことになる。

夢は名古屋から始まった

1951年3月、日本大学電気科を卒業した川瀬泰淳は、塗装設備の製造・販売会社で大阪に本社を構える「電気塗装機」に入社し、名古屋支店に配属された。電気塗装機はすでに消滅しているが当時、静電気を利用して塗装する静電塗装システムを初めて実用化した企業として知られていた。自動車の車体や洗濯機など白物家電の筐体《きょうたい》、白黒テレビのキャビネットをチェーンコンベアに乗せて塗料を吹き付ける塗装システムは、効率性と省力化が評価され、あっという間に全国に普及した。

振り返れば、泰淳が追い求めた目標、環境ビジネスを通じて社会に貢献する夢、〝もったいない〟を発露とする〝かけがえのない地球〟を守るという終生のテーマは、「社会人としての第一歩を踏み出した自動車産業の中心地、名古屋から始まった」といってもいいだろう。

卒業する前年の1950年6月、朝鮮戦争が勃発し、日本の経済復興の追い風となった。不振を極めていた輸出が特需で急回復し、自動車業界や関連の塗装装置・

塗料市場にも神風が吹いた。

電気塗装機名古屋支店に勤務していた川瀬泰淳にも、朝鮮特需は恩恵をもたらした。当時、自動車業界は塗装に関して静電塗装システムが主流で、すでに生産ラインに組み込まれ、設備と共に塗装用塗料の需要拡大が見込まれていた。

泰淳はメンテナンスを含め、塗装機を販売するセールスエンジニアとして、東京、長野、広島、伊豆半島など、全国のユーザー詣でを繰り返していた。やがて、顧客となる自動車・家電等の業界で辣腕の営業マンとして知られ、塗料原料供給元の溶剤メーカーやライバルの塗装装置メーカーの間でも、泰淳の名前は轟くようになる。

ユーザー企業に何回も足を運び、悩みや相談事に応じるうちに、一つ気になることが芽生えた。静電塗装で使った溶剤、つまりシンナー廃液の廃棄方法だった。廃棄といっても、実情は当時も現在もそれほど変わらない。「大気に放散するか、燃焼するか」のどちらかであった。

今日、一般的にキシレン、トルエン、イソプロピルアルコール（ＩＰＡ）など、揮発性の常温液体の溶剤は様々な場面で使われている。塗料をはじめ印刷インキの樹脂の溶解媒体として、あるいは医薬品、液晶パネルや半導体、リチウムイオン電池の製造工程における剥離、洗浄剤として使用するなど多岐にわたっている。２０１５年現在、国内で使用される溶剤の量は年間約２５０万トンに及ぶ。

問題は原油からつくられる溶剤が大量に使用されているにもかかわらず、使用後にはその多くがリサイクルもされず、結果として年間１０００万トン以上もの二酸化炭素（CO_2）が大気中に排出されていること。そして全体のリサイクル率はわずか20％に過ぎないことである。

好奇心が開く〝夢の扉〟

自動車用塗装には溶剤を各種混合したシンナーを使う。川瀬泰淳は全国をくまなく歩き、自動車用塗装ラインから大量の使用済みシンナーが排出されるという現実を知ると、疑問がわいた。疑問はやがて好奇心となり、いくつもの好奇心が重なり合って、泰淳に一つの夢が生まれた。

「なぜ、捨てるのか」――。

母の教えを思い出した。幼い頃から刷り込まれた〝もったいない精神〟による素朴な疑問だった。使い道はあるはずだ。

昭和30年代（1955年〜）初め、日本は高度経済成長の波に乗り、大量生産・大量消費が当たり前だった。そんな風潮が、社会や職場に浸透しだしていた。

「捨てられているシンナーを回収して再利用し、資源化する。面白いじゃないか」

セールスエンジニアの目線、母の教え、疑問や好奇心が絡み合い、設備を売る仕事から「廃シンナーの再利用」に、泰淳の好奇心は傾いていった。やがてその好奇心は〝かけがえのない地球〟を守るという泰淳の終生のテーマとなり、環境ビジネスで社会に貢献するという夢となる。きっかけは、面識のない男からの声かけであった。

モータリゼーションの幕開け

名古屋を拠点に全国を飛び回っていた川瀬泰淳にあるとき、男が声をかけた。1960年の早春、泰淳が電気塗装機を辞めた直後だった。声の主はトヨタ自動車グループの製造工場に出入りする杉浦坂秋であった。杉浦は初対面であることを断った上で、泰淳にこう挨拶した。

「メーカーに移られたそうですが、塗装装置業界や溶剤メーカーを回っていますと、川瀬さんのお名前をよく耳にします」

1959年12月、泰淳は電気塗装機を辞し、シンナーを製造する「朝日ソルベント工業」を手伝っていた。独立して、溶剤のリサイクル業を立ち上げることも視野に入れた転職だったが、泰淳の敏腕ぶりは業界で知れわたっていた。泰淳は述懐する。

「塗装ラインで使用したシンナーの廃棄方法で、トヨタが苦慮しているという。環境問題が背景にある。トヨタを支える下請けの集まりの会長が、解決法を杉浦さんに相談したようだ。それで、あちこちに顔を出し、友人・知人が全国にいる私のところに来た」

会長とは当時、協力会社で組織する「協豊会」の会長小島浜吉、小島プレス工業社長であった。高度経済成長は大量生産・大量消費の時代を生み出す一方、社会は排出元の製造企業に環境への配慮を求め始めていた。再び、杉浦が口を開く。

「正直、塗装・塗料に関して、私は素人です。会長の相談にのっていただけませんか」

協豊会会長小島の狙いは、塗装ラインで大量に使われる廃シンナーの再利用であった。トヨタ自動車グループの名古屋地区の製造工場で排出される廃シンナーが対象で、杉浦は泰淳に「リサイクルの肝となる蒸留装置の設計、製造、及びリサイクル業務」を依頼するものであった。

サラリーマン時代に培った電気塗装装置に関する経験や、溶剤の分離・精製に関する自宅での研究、転職先での製造体験から、泰淳にとって蒸留装置による廃シンナーのリサイクルはそう難しいものではなかった。泰淳は豊田市の自宅にフラスコ、アルコールランプ、真空ポンプ等を持ち込み、蒸留による使用済み溶剤のリサイクル法を研究していた。

杉浦の接触から数ヵ月後、杉浦からの誘いを受けることを決意した。泰淳は全国の仲間に声をかけ、蒸留設備の設計・製造に着手した。

トヨタ自動車では本格的な乗用車専門の元町工場を１９５９年８月に操業し、高級乗用車「クラウン」の生産を開始、ライバル社も次々と新型車を発売するなど、昭和30年代（１９５５年〜）初め、首都高速道路の一部開通によるモータリゼーション幕開けの時代を迎えていた。

1960年1月、泰淳は支援者、賛同者とともに、トヨタ自動車グループの生産ラインから排出される廃シンナーの蒸留・精製による再資源化を目的としたリサイクル会社「豊田化学工業株式会社」（資本金500万円）の設立に参画した。社長は杉浦坂秋、取締役に杉浦榮、31歳の泰淳は常務取締役に就任した。トヨタ自動車が国民車構想に呼応して「パブリカ」を開発・発売した頃の創業であった。

設立前年の1959年12月、泰淳は8年間のサラリーマン生活を送った電気塗装機を円満退社した。退社後に半年ほど、名古屋に本社を構える朝日ソルベント工業に世話になるが、大学を卒業し社会人への第一歩を踏み出した電気塗装機を辞職するという決断に、ためらいがないわけではなかった。家族や両親のこと、将来に対する見通し等と、数え上げたらきりがないほど不安や心配事が泰淳にのしかかっていた。

だが、最後の最後に独立への一歩を踏み出すことができたのは、泰淳に流れる川瀬家の挑戦をためらわないDNAと事業意欲、そして友人の紹介で4年前に結婚した尾関家の長女、照代夫人の励まし、それに後に2代目社長を継ぐ、当時2歳になる長男泰人の笑顔であった。

退路を断ち、再び独立へ

豊田化学工業は順調に業績を伸ばした。しかし、トヨタ自動車や日産自動車など7、8社が排出する、シンナーを主とする使用済み溶剤は産業界全体からみると微々たるものだった。設立から2、3年が過ぎた頃、川瀬泰淳の気持ちに微妙な変化が生まれた。泰淳はわずかな市場規模の自動車業界にとどまらず、〃かけがえのない地球〃を守るという視点、また環境を通じて社会に貢献するという願望から、石油化学、医薬、電気、農薬など、もっと広範囲な分野を対象にすることを望み、これを豊田化学の経営陣に提案した。しかし受け入れられず、経営に対する不満が少しずつ蓄積されていった。事業の進め方についても、経営陣との間で温度差が徐々に広がっていた。

「洗浄に必要な品質が確保されているのであれば、再生品のグレードが少々、低くてもよいではないか」

〝売れれば是〟とする経営陣に泰淳は反発し、こう訴えた。

「(溶剤メーカーが製造する)新液を凌ぐ、あるいは同様のグレードの高い再生品を提供することが大事です。それが、やがて産業界から信頼・信用を得て事業拡大につながり、かつ環境保全にも貢献します」

泰淳は何度も説得したが、「コストが嵩み、手間のかかる高品質の再生品」に、難色を示す経営陣との溝は容易に埋まらなかった。

信念を曲げてまで事業に参加する考えのない泰淳は、辞表を書いた。経営参画から6年後、再び独立の道を選択した。1966年5月、感謝の言葉を残し豊田化学工業を去った。

「このままでは、終われない」

今回の件で、泰淳は「大切なこと」を学んだ。

「〝辞めるかどうか〟の決断ではなく、辞めた後に、〝何を成し遂げるか〟、その覚悟を決めた結果である」

この覚悟をまとうため、泰淳は自らに重圧をかけた。借入金等の信用保証は泰淳個人にして、2度目の退路を断つ決断であった。

3．故郷・大垣市で再出発

１９６６年6月22日、川瀬泰淳は岐阜県大垣市に、使用済み溶剤の再資源化を目的としたリサイクル会社「大垣蒸溜工業株式会社」（資本金５００万円、１９９１年7月日本リファインに社名変更）を設立した。

設立の1ヵ月前、豊田化学工業を円満退社し、新婚時代に購入した豊田市内の土地付き一戸建て住宅を売却して約１２０万円の資金を確保するなど、新会社設立に向けて準備に奔走していた。しかし、泰淳に次から次と難問・難題が突き付けられた。最大の問題は資金調達で、特に工場用地の取得資金と設備投資・運転資金の手当てが十分に確保できなかった。設立までの時間もなく、前途多難な旅立ちであった。

親類縁者の協力で動き出す

豊田化学工業を辞した以降、川瀬泰淳は出資者を募り、協力企業を探した。親類縁者、友人・知人、金融機関、商社の間を、昼夜を問わずに駆けずり回り、折衝を繰り返した。こうした必死な泰淳の姿をみて、呼応する親類や仲間も徐々に現れてきた。それでも、必要とする資金の半分も調達できなかった。

仕方なく、泰淳は計画を修正した。工場用地問題は新規に入手することをあきらめ、妻照代の叔父である久世久雄が所有する大垣市西之川町の約400坪の土地を、借用することで乗り切った。次の問題は設備投資資金と運転資金であったが、これも心強い援軍が名乗りでた。地元の金融機関が支援することを約し、ようやく操業に向けて歯車が動き出した。

新会社が設立される3日前の6月18日、泰淳は妻照代の実父、米屋「尾関商店」を手広く展開する尾関芳助、その長男芳男、二男芳弘ら7名の発起人、及び協力者数名を招集して、工場予定地の近くに借り上げた事務所で発起人会を開催した。直ちに、発起人会は設立に当たっての重要事項を決定し、商号を大垣蒸溜工業株式会社とした。当時、会社名に、地名を付けることを行政側から求められていた。資本金は５００万円。設立時の発行済み株式数は１万株で、発起人の引受株式数は９０００株とし、残りの１０００株は縁故関係より募集することを決めた。

泰淳は３０００株を引き受け、個人筆頭株主になるが、残りの６０００株は尾関一族が取得することで決着した。

発起人会は次に定款を策定した。新会社の所在地は岐阜県大垣市西之川町63番地3とし、事業の目的を次の通りとした。

①溶剤の精製リサイクル
②シンナーの製造
③その他化学品の製造販売
④前各項に関連する一切の事業

４つの事業に、リサイクル事業に対する川瀬泰淳の思い、夢、信念、覚悟が表れていた。豊田化学工業時代に抱いた思いから、取扱溶剤は自動車関連だけでなく、繊維、石油化学、電気・電子、医薬、農薬など各分野で廃棄されるシンナー類、メタノール、トルエン、キシレン等の各種有機溶剤を対象とした。

４人体制で創業へ

「創立総会を開催します」――。

１９６６年６月22日午前10時、株主７人が出席する中、狭い貸事務所に議長川瀬泰淳の開会宣言が響いた。発起人会で決定された株式に関する事項は６月20日までに滞りなく進められ、尾関家の全面的支援を受けて、総会当日の22日に株式額面の総額５００万円の払い込みも完了した。

開会宣言に続いて、泰淳は設立に至るまでの詳細な経過を報告し、創立に関する資本金、株式等の事項報告及び定款についての賛否を求めた。

「異議なし」

狭い会場にこだました。顔を紅潮させた泰淳は続けた。

「全員異議ないものとし、設立事項及び定款は承認されました」

高らかに宣言した。社会人としてスタートして15年、豊田化学工業設立に参加し独立するまで6年、いくつもの紆余曲折を経て泰淳が抱いていた思いへの第一歩が始まった。

総会後に開かれた取締役会で、川瀬泰淳が代表取締役社長に、取締役に尾関芳弘が就任し、泰淳の弟川瀬泰教、工場用地を提供した親類の久世久雄が参加した。泰淳は経営全般と技術・営業部門を担当し、芳弘が大垣工場長として生産部門を担当することが決まった。2年後に、泰淳の妻照代が社員第1期生として総務課に入社するが、創業当初はたった4人での船出であった。

当時を振り返って、泰淳は次のように語る。

「日本の経済力がどんどん強くなっていく時代でした。ただ、夢はあったが現在と違い、当時はリサイクルが大きなビジネスになるかどうかはわからず、自信たっぷりというわけではなかった。会社を立ち上げた時代は大量生産・大量消費の時代であり、世間では地域的な公害問題が発生し始めたばかりで、後ろ楯となる地球環境問題が重視されるまでにはまだ20年を要した。

こうした事情の中で、使用済み溶剤から、新液の溶剤と同じ品質、あるいはそれ以上の純度99・9％の再生品を目指したことで、溶剤メーカーからは〝やっかいもの〟扱いをされた。新液よりも安く高品質な再生品ということなので、冷たい目で見られました」

後述するが、実際、創業時は比較的順調であったが、その後ＩＰＡでは思いがけない苦労をすることになる。

融通無碍な発想で新工場建設

創立総会が開催されてから３ヵ月後の１９６６年9月、田畑が広がる大垣市西之川町に建設中であった第１期大垣工場が完成した。後に物流の動脈となる「岐大バイパス」（現国道21号線）はまだ開通しておらず、途中までできた程度であった。

限られた資金の中で、効率的な設備をどう作り上げるか。川瀬泰淳と尾関芳弘が知恵を絞り、またあらゆるツテを頼ってでき上がった２人の汗の結晶であった。ただ、この第1期計画のアイディアほど、〝人間川瀬泰淳〟を余すところなく伝えるものはないだろう。中学時代の寮生活や先の大戦による挫折、失敗を教訓に、即断即決の発生主義で物事を進めようとする哲学、前例にとらわれない融通無碍《ゆうづうむげ》なアイディア、あきらめることを知らない機関車的発想など、第1期計画の完成は泰淳抜きには語れない工場であった。

改めて考えてみると、設備・装置は何も新品である必要はない。組み立てや据え付けを行う時、安全に確実に高品質なものを効率的に生み出す最適システムを作り上げることである。

泰淳は、「基本的に設備、装置は新品にこだわらず、組み立て、据え付けは近隣の職人を利用」する方針を打ち出した。今なら笑い話になるのだが、資金がない当時、背に腹は代えられなかった。まず、溶剤リサイクルの要となる蒸留塔は工法が同じ日本酒の蔵元から調達し、タンクやボイラ等の組み立ては鉄工所に、据え付けは鍛冶屋に頼むなど、奇抜なアイディアと発想で最適システムを作り上げた。

このアイディアと発想が、リサイクル業で売上高100億円を突破する企業を創りあげた原動力の一つであったことは、いうまでもない。

願い成就も、まだ〝途中〟

大垣工場の敷地面積は1320平方メートルで、主力の蒸留塔と、屋外危険物貯蔵所2ヵ所、焼却炉、タンク、ボイラ等が配置され、使用済み溶剤の処理能力は1時間当たり400リットル、ドラム缶2本程度の小さなリサイクル工場だった。取り扱う廃溶剤はシンナー、トルエン、キシレンなどの有機溶剤全般で、業種も川瀬泰淳が想定していた繊維、石油化学、医薬等、ほぼ全業種を視野に入れていた。

この頃には営業体制も整い始めた。電気塗装機時代から付き合いのあった名古屋の化学品専門商社と、大手商社が営業を担うことになった。この両社とは、大垣蒸溜工業が関東進出の橋頭堡を築くとき、後方支援やアドバイスを得るなど、その後も関係を深めていく。

川瀬家、尾関家の親類・縁者、経営陣の関係者、そして主だった株主や金融機関をはじめとした取引先関係者らが見守る中、大垣蒸溜の象徴となる蒸留塔の始動ボタンが、初代社長川瀬泰淳の手によって押され、蒸留装置がゆっくりと稼働した。

出席者の陰に隠れるように、小学３年生になった長男泰人と、後に台湾瑞環総経理に就任する二男泰之をそばに、黒子に徹しながら資金面で尾関一族を説得し続けた妻照代の姿があった。

「感無量です」――。

タンク沿いに立つ10数本のイチジクの木には、濃い紫色の果実が連なっていた。電気塗装機を去って７年、泰淳37歳。退路を断った覚悟と前向きな挑戦意欲にあふれていたときであった。

名門企業から廃液処理を受注

昭和40年代（１９６５年〜）前半、日本を経済大国に押し上げるきっかけとなった高度経済成長路線は、「日本列島改造論」（日刊工業新聞社刊）を上梓した田中角栄首相の登場で、地価高騰だけではなく地方経済にも多大な恩恵をもたらした。57ヵ月に及ぶ〝いざなぎ景気〟と好調な輸出を背景に、増大する需要に対応するため、大企業は製造能力の拡大、増強を目指し積極的に地方進出していった。

水運豊かな大垣市にも、あるいは近隣地区にも日本を代表する企業が続々と製造工場を構えた。その1社が、現在炭素繊維で世界から注目されている名門企業であった。隣町に進出し、人工皮革工場を建設する。ここで皮革調スエードの製造法を完成させて、1967年に合成皮革の生産を本格的に開始した。かつて鐘紡、帝人、大日本紡績など、錚々たる繊維企業が大垣地区に進出したが、昭和40年代（1965年〜）から50年代（1975年〜）の繊維不況で工場閉鎖が相次ぎ、唯一、大垣周辺の安八郡神戸町に生産拠点を残していた。

大垣蒸溜は、その名門企業から人工皮革製造工程での廃液（ポリスチレン混入のトリクレン廃液）を処理する取引を受注した。独自の蒸留技術によって溶剤を分離し、トリクレン及びスチレン樹脂を低コストで回収することに成功した。特にハンガーやペレットに利用できるスチレン樹脂の回収・精製は難しく、大垣蒸溜の技術は他社の追随を許さなかった。1971年から1986年まで15年続いたトリクレンの回収と再生樹脂製品の輸出事業は、もう一つの成功事業となるＩＰＡ（イソプロピルアルコール）リサイクルとともに、大垣蒸溜の強固な経営基盤を築いていく両輪になった。

ところで、大垣蒸溜が１９６６年９月から生産を開始し、初めて売上高を記録したのは翌10月の22万円であった。その後、売上高は急増を続け、第１期（１９６７年２月期）の売上高３８７万円、経常損益１４７万円の赤字から、第９期（１９７６年２月期）には売上高６億７５１４万円、経常利益１５２３万円と、日本経済をどん底に突き落とした石油ショックを克服し、９年間で売上は実に１７４倍の伸びを記録した。総資産においても、第１期の１３３２万円から第９期には３億５５６１万円と27倍に増加する成長ぶりであった。

周知のように第１次、第２次の石油ショックにより国内の経済情勢は、高度成長から安定成長へと大きくシフトし、同時に高度成長時代の負の遺産が表面化し、社会の視点は公害問題としてクローズアップされた。これに伴い、使用済み溶剤の規制は益々厳しくなり、環境負荷低減を社会的使命とするリサイクル企業の存在価値は増していった。

ドラム缶搬出に悲鳴

厚い壁がいくつも立ちはだかった新会社設立までの助走時とは真逆で、操業後は自社ブランドの再生溶剤販売を除いて、比較的順調であった。創業前の大いなる不安、逃げ出したくなるようなプレッシャーはすでに消し飛んでいた。早朝6時から夜間まで働き通しであった。

苦労と言えば、面白いエピソードがある。操業当時を振り返って、川瀬泰淳は次のように語っている。

「苦労について、強いて上げるとすれば、ドラム缶の積み上げですね。200キログラムから260キログラムのドラム缶を工場長の尾関芳弘と2人で、角材2本をトラックの荷台にかけて下から転がして積み上げるのですが、人力の限界を超えていました。1日に40本前後のドラム缶を積むと、アキレス腱がパンパンに腫れ上がり痛くなって眠れない日もあった」

蒸留塔から産出された再生品は、ドラム缶に受けて屋外まで手で転がしトラックに積み込んでいた。そんな苦労が、１９７７年まで続く。１９７１年入社の矢野貢や翌年入社の内海佐治男は声をそろえる。

「次から次に仕事が舞い込み、１斗缶への塗料用シンナーの充填作業とドラム缶の積み上げに追われる毎日でした。休日出勤しても間に合わず、遅いときで深夜まで働いたものです」

あまりの作業量に疲れ切った矢野は、腕に力が入らず、「倒しかけたドラム缶が足を直撃し、骨折して３ヵ月入院した」と苦笑する。

事業が軌道に乗った１９７２年から毎年１台ずつタンクローリー車を購入するが、タンクローリーにポンプの付いていない車には、泰淳のアイディアによる手作りのエアポンプで積み込んだ。

価格80万円でドラム缶を荷台に積み込むフォークリストを購入したのは１９７７年であった。その時の情景を、泰淳と共に立ち上げた元工場長の尾関は懐かしそうに回想する。

「初めてフォークリフトを購入して、難儀していたドラム缶の出荷に使用したとき、軽々と持ち上げて運ぶリフトが私には偉大な文明の利器に思えて感激しました」

第2章　四面楚歌の旅立ち

1. 立ちはだかる業界圧力

「何でそんなものができるんだ。今すぐ、サンプルを持ってこい」

激高する相手の声が耳の奥でこだましたことを、今も名誉会長川瀬泰淳は鮮明に覚えている。ある発表が、石油化学団体、溶剤業界を震撼させたのだ。

1970年春、大垣蒸溜工業は「IPA（イソプロピルアルコール）の分離・精製の業務受託事業及び再生品の一般販売を開始する」と発表した。産業総合紙に掲載されたそのニュースは、瞬く間に団体、業界を駆け抜けた。当時、IPAは新液でさえ純度90％が主流であったが、記事は使用済みIPAをリサイクルし、「純度99・9％（スリーナイン）の再生品化に成功」したことを伝えていた。

「元のものより質と価値を高めるリサイクル」――。

日本リファイン2代目社長川瀬泰人が2010年に提唱する〝アップサイクル〟

の概念は、当時まだ生まれていなかったが、その概念を貫く「バージン（新液）より品質・付加価値を高めることが可能な再生品の道」を切り拓いた衝撃的なニュースだった。

再生ＩＰＡは高品質でしかも価格はバージンのほぼ半額という。業界に衝撃が走らないわけはなかった。新聞発表を機に、半信半疑というより全面否定の溶剤メーカーや商社筋からサンプルの提供と共に、「発注企業を明かせ」と圧力がかかった。それも当然であった。その後、膜による水分除去法が確立されるまでの約20年間、他社を寄せ付けずＩＰＡのリサイクルシェアは１００％と独占する。

この日を境に、泰淳の孤独な戦いが始まった。

〝純度99・9％〟に抗議殺到

総合産業新聞や業界専門紙にＩＰＡ関連記事が掲載された日、早朝から大垣蒸溜工業に抗議の電話、問い合わせが殺到した。

「廃溶剤から新液を超える（純度）スリーナインなんて、あり得ない」

「リサイクル屋が新液の信頼を傷つけ、業界を貶めるようなウソはつくな」

「新聞発表を撤回し、再生品の販売を即時、中止しろ」

ＩＰＡは水やエタノールなどに自由に混合する無色透明な引火性の強い液体で、自動車の塗装剥がし、水抜き剤として使用されるほか、医薬品や食品添加物などの製造時に使われる汎用性の高い溶剤である。

昭和40年代（１９６５年〜）半ば、ＩＰＡ製品を詰めたドラム缶には、「90％ＩＰＡ」と、多くがそうマーキングされていた。その頃の技術では限界に近い数字とされていた。ところが、大垣蒸溜は使用済みの溶剤を純度スリーナインに高品質化する技術の開発に成功していた。成功に導いたのは、川瀬泰淳が縁あって、中央化工機を通じて知り合った名古屋工業大学の山田幾穂教授から教えを受けた共沸蒸留技術によるところが大きかった。品質だけでなく半値以下という価格破壊路線を打ち出したことも新液業界を刺激したことはいうまでもなかった。

朝からひっきりなしに鳴る電話は新聞報道の確認というより、クレーム・誹謗中傷の類いに終始した。努力の末に、手に入れた分離・精製技術に絶対的な信を置いていた泰淳にとって、別に犯罪に手を染めているわけでもなく、聞く耳を持たない反発は心外だった。

今も多くを語らないが、中には冷静な会話が成り立たず、恫喝し圧力を露骨にかけて電話を一方的に切った企業もあった。同業の廃溶剤処理業者はニュースに対して不信を内包しつつ、表立った声は潜めていた。

高々と新技術を打ち上げた泰淳は一転、四面楚歌の状況に陥った。

〝離婚立会人理論〟に自信

新聞に掲載された翌日、川瀬泰淳は全社員を集め一つひとつ丁寧に対応することを命じた。創業から4年ほど経ち、尾関芳弘らとたった4人でスタートした大垣蒸溜もその頃、社員採用が始まり徐々に増えていた。泰淳自らも溶剤メーカーに出向き、サンプルを手渡しデータに理解を求めた。だが、先方の対応は口にするのもはばかるほど、酷かったようだ。面会のアポイントを取り付け、約束通り説明に行っても待たされるのが常だった。

「お茶の一杯も出ないこともありました」

そう述懐するほど、拒絶反応・反発は強かった。

「何度も席を立とうと思いましたが、説明すれば理解が得られると我慢しました」

泰淳には純度スリーナインを可能にする共沸蒸留技術に自信があった。蒸留工学界の重鎮で、後に2代目社長川瀬泰人の恩師となる名古屋工業大学教授山田幾穂の教えで辿り着いた泰淳流の〝離婚立会人理論〟、エントレーナー効果がその裏付けになっていた。

例えば、使用済み溶剤のリサイクルはAとBが混じり合い溶け込んでいる物質を、後腐れなくきれいに別れさせ、互いにピュアにすることが大事で、未練を残さず独り立ちして立派に生きていけるように手助けする立会人が求められた。

つまり、いくつもの成分を含有する使用済み溶剤をピュアに分離し、精製するには、「立会人ともいうべき第3成分が必要」であった。エントレーナー効果である。

そうした効果に注目していたのは、溶剤業界でも泰淳らほんの数人であったという。

証明された分離技術

実は画期的な技術も、理論・理屈はそんなに難しいものではなかった。例えば、アルコールと水はなかなか分かれにくい。通常、共沸といってＩＰＡが87％、水13％の組成で蒸発しようとするので、それ以上の純度にはならない。そこで、川瀬泰淳は第３成分を入れることでアルコールと水がそれぞれ高純度に分離する技術を実現。これにより純度９９・９％の再生品が登場したのである。

多くの石油化学メーカーや化学工業会社がサンプルを取り寄せ何度も成分分析をしたが、結果は新液より高レベルであることが証明されるばかりであったという。業界の反発が強ければ強いほど、逆にこの分離・精製技術は大垣蒸溜工業の名声を上げ、岐阜の一地方の企業は一挙に全国に轟く存在となった。

打つ手なしの状況に追い込まれた新液メーカーサイドは、提携等の協業化を打診してきた。新聞発表から２ヵ月ほどして、大手商社のビジネスマンが溶剤メーカー幹部を伴い、名古屋から大垣蒸溜を訪ねてきた。泰淳がサラリーマン時代に１、２

度、顔を合わせたことがある30歳半ばの商社マンが早速、牽制球を投げてきた。

「どうでしょう、金と時間がかかり、面倒で小回りが必要な廃液の集荷事業をお手伝いしたいのですが」

ＩＰＡの溶剤メーカーの総意をうけて乗り込んできたようだった。言葉は丁寧だが、罵詈雑言のあのときの電話と同じように、リサイクル業者に対する上から目線が露骨であった。一呼吸を置いて、商社マンがリストを示し続けた。

「ここら辺りから、始めたいのですが」

溶剤メーカーや商社が「拠点とするエリア、販売テリトリーの邪魔にならないところで商売しろ」という半ば脅しで、監視し囲い込むことでＩＰＡの売り先を制限しようとしていた。

泰淳は相手の出方や姿勢を見守ることにし、はっきりした返事をしなかった。

泰淳の矜持

昭和40年代（１９６５年〜）、社会は公害問題に対して敏感になっていた。熊本県水俣市で発生し「公害の原点」とされる水俣病や四日市ぜんそく、富山県で広まったイタイイタイ病など、工場廃水の水質汚染や排煙などの大気汚染によって、自然だけではなく人体にも害を及ぼす公害問題が深刻化していた。

高度経済成長の時代で、企業が最も恐れたことは「公害企業とのレッテルを貼られること」であった。裏返せば、企業はリサイクル業界と協力して公害防止に取り組む姿勢が求められ始めていた。

ところが、新液を供給する溶剤メーカーや利害関係者によって、社会が必要とする技術、製品が制限され、葬り去られようとしていた。時代に逆行する行動に、川瀬泰淳は一歩も退かなかった。引き下がれば、大垣蒸溜工業の存在意義が失われるばかりではなく、資源延命と公害防止を使命とする泰淳の夢を、自ら否定することになる。

結局、先方はその後、何も行動を起こさず、その申し出はいつの間にか消滅した。最終的に、今回の争いは新液の溶剤メーカー、商社にとって苦い教訓で終わった。再生品の高品質化を実現する技術の登場で、マイナーだった廃溶剤リサイクル業界の地位向上に貢献することになる。

泰淳の想いが心地よい。

「自分が賞賛されるためではなく、リサイクルという仕事に誇りをもたらすために心してやっただけです」

ＩＰＡ技術で製薬業界から注目

ＩＰＡの分離・精製事業開始の発表から、ちょうど1年後の1971年5月、大手製薬企業A社が岐阜県本巣郡北方町に進出した。抗生物質製剤の岐阜工場が稼働したことに伴い、大垣蒸溜工業は同工場から発生する廃ＩＰＡの分離・精製業務を一括受注した。大垣蒸溜はＩＰＡ蒸留塔を増設して対応するが、これを機に大垣蒸溜の分離・精製技術が製薬業界から注目される。

A社はお菓子や食品の最大手としても知られるが、実は優れた抗生物質関連技術を持つ医薬品の隠れた実力者である。ＩＰＡの業務委託は、大垣蒸溜の技術の高さを世間に知らしめ、新規市場開拓の強力な武器となった。米ドル防衛の〝ニクソン・ショック〟が発生した1971年に始まったA社との取引、緊密な交流は今も続いている。

2. 首都圏に進出

政治・経済が集中する東京へ

１９７４年初夏、それは大手商社の化学品事業部から、川瀬泰淳の元にかかってきた1本の電話で始まった。化学品事業部の幹部は口を開いた。

「系列の名古屋の化学品専門商社も経営参加することを了承しています」

こう前置きした上で、続けた。

「出資を仰ぐと同時に、大垣蒸溜工業の分離・精製技術及びソフトで新会社を支援して、社会問題となっている環境の悪化防止、改善に貢献していただけないだろうか」

シンナーやＩＰＡなど、溶剤類による公害発生防止と省資源化を目的としたリサイクル新会社への経営協力の要請であった。

泰淳は直ちに上京し、新会社が工場建設を予定する千葉県市原市に近い都市ホテルの1室を借り上げ、交渉に乗り出した。利害や思惑が複雑かつ微妙に交差していたが、いずれにしても関東への進出は「当時の社会情勢を色濃く反映した追い風が吹く案件」で、泰淳にとって悪い話ではなかった。

当時の日本の産業界は、昭和30年代（1955年～）半ばから40年代（1965年～）の華々しい経済成長時の風景を引きずり、その分、産業廃棄物に対する関心は低く、無雑作に投棄処理するケースが多くみられた。

国は1967年、公害対策基本法を公布して水質の環境基準を制定すると共に、大気汚染防止法並びに河川近くに工場を新設する際は都道府県の承認が必要となる水質汚濁防止法を1970年に施行、また1975年に国際発効した海洋投棄全面禁止（ロンドン条約）に例をみるまでもなく、日本国内は法による罰則、各種規制の発動により、ようやく真剣に産業廃棄物対策に取り組み始めていた。

日本各地で自然破壊や大気汚染など公害が多発し、深刻な社会問題となり、中でも公害の原点ともいわれる熊本の「水俣病」や三重県四日市の「四日市ぜんそく」等に代表される人体にまで被害を及ぼす公害に対し、社会は一層厳しくなっていたのであった。

不法投棄事件に巻き込まれる

１９７５年前後、公害問題が大きな関心事となる一方で、岐阜県大垣市の産業を支えた繊維業が斜陽化の道を辿っていた。リサイクル業界のナンバーワン、また環境保全と業界の地位向上を目指し、社長川瀬泰淳が東京進出に動き回っていた折、大垣蒸溜工業に不名誉で不愉快な事件があった。

春は桜、秋は紅葉で有名な観光名所、岐阜の養老渓谷で起きたドラム缶不法投棄事件である。新聞各紙は社会面で大々的に報じ、非難が大垣蒸溜に殺到した。どちらかといえば、大垣蒸溜は被害者の立場だが、一般社会は廃棄物処理を依頼する企業にも不法投棄の責任を求めた。

経緯はこうだ。使用済み溶剤を引き取った大垣蒸溜は、蒸留後の残液を「大垣蒸溜工業」と天板に明記された使用済みドラム缶に詰め、その処理を専門業者に依頼した。専門業者は処理工場までトラック業者にドラム缶の運搬を頼んだ。ところが、トラック業者は途中の養老渓谷で、雑木が生い茂る20メートルほどの崖下にドラム缶を投げ捨てた。その数32本。

地元の人から警察への通報で発覚した。当時、新会社への経営参画問題が大詰めを迎え、東京への出張が多い社長川瀬泰淳に代わり、大垣地区を所管する取締役尾関芳男は県警大垣署に呼び出された。芳男は、苦笑しながら当時を振り返る。

「確か、昭和49年（１９７４年）の９月頃だったと思う。養老渓谷を通行止めにして、それも交通量が少なくなる夜間にクレーン車でドラム缶を引き上げた。何しろ20メートル下からの作業で難航した。投棄されたドラム缶のうち、29本を引き上げたが、残り３本は行方不明で事件は一件落着とはならなかった」

それから1週間後、釣り人によって発見された。養老渓谷を流れる牧田川の下流近くの浅瀬に、３本のドラム缶が転がっていたという。天板の社名から、大垣警察署は「投棄されたドラム缶と同一」と判断し、事件は収束に向かう。

勿論、大垣蒸溜が最後の３本を回収した。不法投棄の当事者であるトラック業者や元請けの専門業者に代わり、多大な資金と労力をいとわず回収に全力投入する大垣蒸溜の姿勢、責任のとり様に、警察、地元住民は高く評価した。尾関が胸を張って語る。

「リサイクル企業の矜持であり、今では当たり前のようですが企業として社会的責任を全うしただけです」

大垣蒸溜が地域社会に受け入れられ、リサイクル業務が市民権を獲得する端緒となる出来事であった。

市原蒸溜の経営参画を決断

不法投棄問題が最終決着してからほどなくして、再びかかってきた大手商社からの電話が大垣蒸溜工業社長川瀬泰淳の心を動かした。季節は青葉が目に痛い初夏から、朝晩がひんやりし夏の残り香を消す初秋に移っていた。

「石油資源延命と公害防止に少しでも貢献するために私どもと一緒にやりませんか」

沈黙が少し流れた。泰淳の声は柔らかかった。

「承知しました。お手伝いさせていただきます」

自然の流れであった。前にも述べたが、時代は環境に敏感であった。溶剤を使う製造企業は販売する商社や溶剤メーカーに使用済み溶剤の引き取りを要請するケースが増えていた。また大手商社が言うように、泰淳の思いである「石油資源の延命に貢献」し、社会の要請に応えることができる。１９７４年当時は第１次石油危機の直後で、政府は石油緊急事態を宣言し総需要抑制策を打ち出していた。大垣蒸溜の本業である資源のリサイクル、再利用は重要性を増していた。

「当社の将来展望や業界のこと、私の思いを考えると、東京に進出する選択肢しかありません」

もう一つ、泰淳の人柄、人生観から付け加えれば、創業時から支援を受けたパートナーへの恩返しの意味合いもあった。

「１９６６年の設立当初から大手商社と系列の商社には営業面で、大変お世話になっていました。２度目のお誘いで、新会社設立に協力する決意をしました。それは自然の流れです」

１９７４年９月27日、リサイクル会社「市原蒸溜株式会社」（宮田和昭社長）は千葉県、市原市の賛同を得て設立された。資本金は１億円で、大垣蒸溜工業が10％

を出資し、大手商社と化学メーカーの合弁会社が過半数を握る筆頭株主となった。本社機能及び製造工場は、新会社設立に主導的役割を果たした大手商社の仲介で、合弁会社が所有する市原市八幡海岸にある工場用地2万2300平方メートルを活用することで合意した。

最終的に大垣蒸溜は資本関係だけでなく、京葉工業地帯の石油化学コンビナートから排出される使用済み溶剤の分離・精製に関する運転管理の技術ソフトを提供することで、事業運営にも参画することになった。

また川瀬泰淳の決意には1人の男の存在もあった。創業時から株主として名を連ねる尾関家の長男、泰淳の妻照代の弟である尾関芳男が取締役として経営に参画していた。大学で経営学を学び簿記に明るく、泰淳はその力量を認めていた。その芳男の存在が、泰淳に東京進出の決断を促した。

創業当初、大垣市で1、2を争う大店の米屋を引き継がなければならず、芳男は泰淳の要請を断り続けていた。だが、親交を重ねるにつれ泰淳の「剛胆で、かつ気配りのできる人柄」に魅せられていた。

一方、泰淳も7歳下の芳男に全幅の信頼を置いていた。期待通り芳男は経営手腕を発揮し、大垣蒸溜の経営基盤を強固なものにするため奮闘していた。芳男がいなければ、大垣蒸溜を長期間離れて、東京で交渉に臨むことは難しかった。

常務を最後に職場を去るが、大垣市に住む芳男は今、公益財団法人モラロジー研究所の参与・社会教育講師として活躍している。

爆破テロに遭遇

余談になるが、交渉期間中に川瀬泰淳の運命を脅かす出来事が起きた。新会社設立で合意のめどが立つほぼ1ヵ月前の8月30日、当時の世相を象徴する悲惨な事件が突発した。

「日比谷通りに面した東京丸の内の大手商社別館の14階会議室で昼食を食べ終えて談笑しているとき、仲通りを挟んだ三菱重工東京本社ビル（現丸の内二丁目ビル）が爆破されました。

窓ガラスがシャワーのように降り注いだかのように、ガラスの破片が道路一面に散り、ワイシャツを赤く染めた多くの人が倒れていたのです」

泰淳はその日を振り返る。

「それにしても九死に一生を得た思いでした。その日に限って出席者が多く、食堂に行っても席が確保できないだろうと、（大手商社は）弁当を用意してくれていたのです。爆発は12時45分頃。いつもなら昼食をしに外を歩いているか、あるいは食事を終え戻ってくる時間帯でした。

とにかく空気を切り裂く、物凄い爆発音でした。その瞬間、湯飲み茶碗が宙で止まったことを覚えています」

三菱重工社員や通行人ら８人が死亡し、約３８０人がケガを負った。日本企業を標的にした過激派の反日武装集団の犯行で、これを機に翌年5月までに11件の企業連続爆破事件が起きる。きな臭い、騒然とした時代であった。

予想外の操業停止

順調に旅立ち軌道に乗った市原蒸溜だが、落とし穴が待ち受けていた。１９７７年夏、市原蒸溜は操業停止に追い込まれた。

「廃溶剤の受注量が急増しています。増産体制が整備されるまで、一時生産は見合わせします」

対外的にそう発表し廃液の処理業務を中断したが、少し違っていた。新液を販売するために引き取った廃液を分離・精製した再生品が問題だった。

京葉地帯のコンビナート企業から出る廃溶剤の委託加工事業は順調そのものだった。ところが1年半ほど過ぎると、事業の柱と計画した再生品販売は毎月赤字を計上するなど、徐々に厳しくなっていた。再生品不振の理由は明白で単純であった。市原蒸溜に間接的に出資する化学メーカーは新液を製造し、同様の大手商社も全国ネットで販売している。つまり新液市場に、再生品を武器に参入した形だった。販売力の問題もあるが、川瀬泰淳は、新液と再生品を同時に扱う販売事業の難しさを次のように語っている。

「私どもはリサイクル企業ですから、高品質化した再生品の良さや低価格の優位性を、自信を持ってアピールできます。しかし、新液を製造、販売するメーカーや販社が再生品も扱うとなれば、説明に困るでしょう。優劣を口にしづらく、営業ははなはだ難しい」

さらにプライドの問題もあった。再生品は使い古しというマイナーなイメージがつきまとう。

「大手の商社マンにとって、再生品を取り扱うことには抵抗があったと推察できます。結局、販売に力が入らず、毎月マイナスに陥ったのではないでしょうか」

再生品販売の絵図を描いた人と、現場で汗を流す営業マンとの温度差が微妙に影響していた。業績拡大の先兵とした再生品が新液市場に負の影響を与えた。結局、二兎を追うことで、メーカーも商社も身動きがとれなくなった。

市原蒸溜買収の打診

市原蒸溜は、解決の糸口を求めて、再び大垣蒸溜工業の川瀬泰淳に相談を持ちかけることになった。市原蒸溜が操業を見合わせて約8ヵ月後であった。

泰淳が大手商社の応接室に通され、ソファーに座ると、商社の化学品事業部の担当幹部は単刀直入に切り込んできた。

「市原蒸溜を引き受けてくれませんか」

聞いた泰淳は考えを巡らせた。

「どういうことでしょうか」

大手商社が苦戦しているとは聞いていた。「相談」だとすれば、再生品販売のことと見当をつけていた。出資増や販売提携の要請ならば、泰淳はその場で応じる意向であった。

「市原蒸溜を売却したいというお話ですか」

泰淳は市原蒸溜がそれほど深刻な状況に陥っているとは想像すらしていなかった。新液と再生品、当初思惑の品揃えによる相乗効果どころか、互いの足を引っ張りあう結果となっていた。それにしても、市原蒸溜の売却提案は想定外であった。

「おっしゃる通りです。化学メーカーさんもその意向で、他の株主には近く相談するつもりです」

化学メーカーは、市原蒸溜の筆頭株主となっている合弁会社の出資元であった。

「商社と化学メーカーが市原蒸溜を手放し、再生品事業から撤退するということか」――。

泰淳はそう受け止めた。

大垣蒸溜の顧客は、その時点で百数十社に及び、自社の販売ルート、顧客を活用すれば再生品を売り切る自信はあった。しかし、用地、設備の買い取りも伴うとなると莫大な借入金が発生する。社長といえども泰淳の一存では即答できなかった。

「市原蒸溜の状況は毎月赤字を計上していた。資金的に厳しく、これでは将来に対する明るい展望を大垣蒸溜の従業員に示せない」

と考えていた。さらに泰淳は思案した。周辺の地価から判断すると、用地だけで低く見積もっても約5億円の資金が必要であった。負債も抱えているという。そもそも大手商社が見切りをつけ、事実上撤退する事業だった。

「巨費をかける価値があるのだろうか」

現在の市原蒸溜の事業規模で、果たして資金が回り従業員の面倒をみていけるのか。懸念や疑問、心配事が次から次と浮かんだ。

ただ、楽観的材料がないわけでもなかった。念願の首都圏に足場を築けること、そして本業の廃溶剤の処理事業は環境保全に対する排出企業の意識変化で、受注量は順調に推移していた。後ろ盾となる大垣蒸溜の業績も不安がなかった。１９７６年2月決算は売上が前期比３５・６％増の9億１６００万円、本業の儲けを示す営業利益は4828万円と前期のほぼ2倍に膨らみ、翌年2月期も8期連続の増収増益を確保する見通しであった。

「主力銀行に相談してみるか」

二人三脚で汗をかき大垣市を代表する企業になるまで惜しみない支援を続けた地元の金融機関の意見を参考にしようと考えた。

〝新生・千葉蒸溜〟がスタート

様々な関係者と話し、思案を続けていた泰淳は確信を持ち始めていた。

「リサイクルは時代の要請であるはずだ」――。

そうであるならば、環境改善を標榜する企業としての社会的責任を果たすまでであり、それはまた泰淳の使命に通じるものであった。

泰淳は心を決めた。

1978年の5月初め、大手商社化学品事業部の担当幹部に川瀬泰淳は決意を明かした。

「市原蒸溜を引き受けます」

1978年5月12日、10％を出資していた大垣蒸溜工業は市原蒸溜の発行済み株式の残り90％を取得し、完全子会社化した。その上で、資本金1億円を同800万円に減資し、社名を「千葉蒸溜株式会社」に変更して再出発した。大手商社の綿密な根回しもあり、相当額に上る負債処理問題が決着したことも大きかった。

もう一つ、大手商社はその頃、化学メーカーが持つ合弁株をすべて買い取っていた。つまり主導権は独り、大手商社が握っていた。ただ、市原蒸溜の用地・設備の売却・買収については、金銭面で大手商社との溝が深く、解決されていなかった。当面、用地・設備の問題は大垣蒸溜が借り上げることで、双方が折り合い〝新生・千葉蒸溜〟はスタートした。

初代社長には兼務する形で大垣蒸溜社長川瀬泰淳が就任、また取締役に尾関芳男（大垣蒸溜取締役総務部長）と尾関芳弘（大垣蒸溜取締役）が就いた。営業品目は有機溶剤の蒸留精製・焼却、シンナー、その他の化学品の製造・販売であった。

千葉蒸溜は京葉コンビナートの中心部に位置し、周辺には大企業がひしめき、使用済み溶剤のリサイクル事業を拡大させるには絶好のロケーションであった。泰淳は大垣蒸溜が長年にわたって蓄積した蒸留技術をベースに、廃溶剤の蒸留精製、残渣の焼却、廃水処理まで一貫して無公害化処理することを目指した。

その年の9月、泰淳は千葉蒸溜に営業の拠点を設置した。ここを拠点に首都圏の市場開拓に取り組んでいくが、環境保全に軸足を置いた泰淳の戦略が功を奏し、一流メーカーからの廃溶剤処理の業務委託を次々に受注する。こうして千葉蒸溜は、大垣蒸溜グループ成長の原動力となる。

千葉蒸溜は現在の日本リファイン千葉工場で、総精製処理量は年間1万８７００トンにのぼる。２００1年9月、近隣の大手セメントメーカーの遊休地（敷地面積1万３５００平方メートル）を取得し、翌々年の２００３年に技術開発センターを設立する。７月には試作機器の製作や受注した設備機器の製作及び実機テスト（試運転）など、一連した作業を行う機械製作棟の工事が始まった。２００８年には、その後に年間1０００件以上持ち込まれる案件に関する分離プロセスの開発、新技術の研究・開発等を行うことになる研究棟が新設された。

現在、技術開発センター内には各種分離装置のミニプラントがいくつも建てられ、国内だけでなく海外からも見学者が引きを切らない。リサイクル業界で稀有な同センターは、研究開発型企業への変革を推進する大きな力となっている。

想定外の石油危機で赤字決算に

千葉蒸溜の最重要課題であった収益構造は、改善されつつあった。大垣蒸溜工業グループトップ、川瀬泰淳のトップセールスや、尾関修ら営業部隊の奮闘で、旧市原蒸溜の足を引っ張っていた再生品事業が順調に推移し、月々の赤字幅が縮小した。ところが、世界経済に深刻な打撃を与えることになる中東発の暗雲が、最大の原油産出地帯にたち込めた。2度目の石油危機がアラビア半島で発生した。

1978年末、イランで宗教指導者ホメイニ師による王制を打倒するイラン革命が起きる。翌年早々、イランの石油生産が中断し、国際メジャーが対日原油供給削減を通告する。第2次石油危機の到来は、日本経済に原油の高騰と需給逼迫を引き起こす。加えて1ドル250円を割った円相場は1ドル170円台に突入し、急激な円高で頼みの輸出は低迷し再び日本経済は苦境に陥る。

原油を原料とする溶剤を、再生する大垣蒸溜グループも例外ではなかった。大垣蒸溜単体の決算は必死の合理化努力で利益を確保していたものの、５月の操業時の低迷から脱し上向きかけた千葉蒸溜の業績に深刻な打撃を与えた。

石油危機が表面化した年明けからわずか４ヵ月で、千葉蒸溜の業績は急激に悪化する。最終的に、１９７９年４月末の決算は売上が６億３８５７万円、営業利益は４０４６万円の赤字、当期純利益も６０８４万円の赤字を余儀なくされ、厳しい再スタートとなった。

市原の用地買収を決断

ただ幸いなことに、第１次石油ショックの学習効果によって、深夜テレビ放送の自粛、こまめな消灯など、徹底的な省エネルギーと代替エネルギーへの転換、企業の合理化努力、またガソリン等の値上げも短期で終わり、こうした官民挙げての対応とイランの石油生産再開もあって、日本経済は第１次石油ショックより比較的軽微な影響ですんだ。

そして第２次の石油危機は、リサイクルを主力事業とする大垣蒸溜グループに一つの福音をもたらした。再生品の価格優位性が、改めて浮き彫りになったことである。つまり、石油ショックによる原油高騰は新液の溶剤価格の急上昇を招き、再生品との価格格差が一気に大きく開いた。

その好影響が千葉蒸溜の業績を押し上げた。赤字決算を強いられた翌年、タイムラグはあるものの、石油危機の余波をもろに受けた1980年4月決算は、売上が前期比52・1％増の9億7123万円に急回復し、営業利益4118万円、当期純利益289万円と、ともに黒字転換を果たした。

1980年、懸案事項であった京葉コンビナートの一角の千葉八幡海岸に位置する旧市原蒸溜の工場用地問題が決着した。2年にわたる交渉で、工場用地は親会社の大垣蒸溜工業が買収することで、大手商社と合意した。

最終的に、千葉蒸溜のトップも兼ねる川瀬泰淳が決断をしたのは、千葉蒸溜の将来性に確信を持ったことは勿論だが、主力金融機関の積極的な金融支援策と、千葉蒸溜の将来性を評価した地元市原の金融機関の励ましであった。

ただ用地取得で、川瀬泰淳は重い責任も背負うことになった。金融機関から「月200万円・20年間返済」の条件で融資を受けることで、融資話はまとまった。泰淳はこのときのことを、こう述懐する。

「土地の買い取りを決断した頃は、円高による戦後最悪の不況余波が残り、前年には第2次石油危機が起きるなど、経済情勢は厳しかった。再起を期した千葉蒸溜の初年度と1981年、1982年の4月決算はいずれも経常損益で赤字に陥った。とにかく、最初の5年間は重圧に押しつぶされそうになり、楽天家といわれる私も眠れない日が続きました」

重圧の中で、泰淳は新たな一歩を踏み出した。

運は掴むもの

千葉蒸溜の経営に乗り出した泰淳には、大きな責任と重圧がのし掛かった。しかし、この首都圏進出が、資源確保や環境保全で社会に貢献する経営者として、泰淳が評価される大きな起点となったことは間違いない。ただ、泰淳によれば、こうした大きな決断をする際に、絶対的な勝算があったことは一度もなかったという。

ある程度のリスクがあることは認識しつつ一歩を踏み出し、成功を勝ち取る。泰淳は「運は掴むものだ」と表現する。

「運というものは、背伸びしてもジャンプしても、ほんの少し届かない頭上に等しく流れている。だから運を掴むには、掴もうとする努力、つまり知恵と行動が必要になる。例えば、〝椅子〟を持ってきて、その上に乗れば掴むことができる」

〝椅子〟は発想力、判断力、実行力の象徴である。〝果報は寝て待て〟と、努力もせず、何もしない人には一生、運は巡ってこないし100年経っても1000年経っても掴むことはできない。

過去を振り返れば幾度と無く、泰淳は退路を断ち、己の力を信じて「大きな一歩」を踏み出してきた。

1960年、電気塗装機を退社しビジネスとして成り立つかどうか、不透明であった豊田化学工業の立ち上げに参画した。照代という伴侶を得て3年目、長男泰人が誕生して2年目、家庭に責任を持つことを求められた31歳の時だった。

1966年、目指す方向性の違いから豊田化学を飛び出し、泰淳が思い描く経営を貫くために裸一貫で大垣蒸溜工業を設立した。37歳になっていた。

そして1974年秋、川瀬泰淳は大手商社幹部から打診されていた「市原蒸溜」

設立に参画することを決意する。これが紆余曲折して、自身が千葉蒸溜を経営することになり、現在の日本リファインの礎を築いていくことになる。

リスクを承知した上での挑戦の積み重ねだ。そして、それぞれの挑戦で泰淳は「運を掴んできた」のだ。会社が大きくなるにつれて社員の協力、顧客や金融機関など関係者の助力も、泰淳が運を掴む助けとなってきた。だから、泰淳は単に「運のいい人」といわれることを極端に嫌う。己の努力や周囲の協力があってこその「運」であり、何もしないで手に入る「偶然」とは違うからだ。

3．次代の風が吹く

日本経済を奈落の底に突き落とした2度の石油ショックを克服し、首都としての関東エリアに着々と布石を打ち、リサイクル業界の頂上を目指す大垣蒸溜工業グループに、1人の若者が入社した。

1986年1月、住友製薬（2005年、合併して大日本住友製薬となる）を退社し、大垣蒸溜グループの千葉蒸溜へ飛び込んだ川瀬泰人、後に2代目社長となる川瀬家の嫡男であった。

母方のDNAを受け継ぐ

川瀬泰人は大垣蒸溜工業の創業者川瀬泰淳、母照代の長男として、1958年2

月７日岐阜県大垣市に生まれ、７歳下に弟の泰之（現台湾瑞環総経理）がいる。台湾時代の父同様、泰人、泰之の兄弟も両親の愛情を受け、スクスクと育つ元気で利発な子供であった。ところが照代は病弱で、泰淳の仕事の関係で愛知県豊田市に住んでいた泰人は２歳から４歳まで大垣の母の実家、尾関家の祖父母の芳助、静子の元で暮らす。結核を患った照代が養生のため、大垣市役所前にある渡辺医院に長期入院したためであった。

８人の叔父や叔母らに囲まれて育った泰人が、父と母と１つ屋根の下で団欒を囲んだのは、照代が退院し住まいのある豊田市に戻った１９６２年春で、泰人は幼稚園に通う４歳だった。

不思議なもので、泰淳も台湾時代の小学３年生のとき、苗栗市の祖父母に２年間預けられた経験を持つ。

「そばに祖父母や親類はいるが、母のいない生活に寂しさがないといえば、ウソになる」

泰人はそう振り返り、父泰淳と同様に「母の愛情に飢えていた」と泰人ははにかむ。

幼くして祖父母に預けられた川瀬親子だが、泰人が父泰淳と唯一違うところは、泰人の言葉を借りれば、「母方の祖母から何事にも手を抜かず、本物にこだわるDNA（遺伝子）」をしっかり受け継いだことであったという。

県立高恩師の助言

川瀬泰人は愛知県豊田市の小学校に通い、3年生秋から岐阜県大垣市の中川小学校に転校し、自然豊かな野山や河で遊び、育った。学級委員長に推薦されるなど文武両道に秀で、小学校時代は遊びのリーダーだった。大垣市立北中学校、県立大垣北高校では軟式テニス部に入り、部活中心の毎日を送ることになる。

北高の3年生のある日、テニスコートでテニス部顧問の、河本幸彦に呼び止められた。泰人には2人の恩師がいる。蒸留工学の権威、名古屋工業大学教授山田幾穂と河本であった。最終進路をそろそろ決めなければならない高校3年、1975年夏の初めであった。

「大学はどこか、決めたのか。だけど今の成績では、無理だ。部活が終わったら私の家へ来なさい」

泰人はこの時期になっても、具体的な大学は決めかねていた。河本は2年生担当の数学教師でありながら、3年生の進路担当も兼務していたため、泰人の成績も把握していた。同級の森川覚太と共に、成績向上のために河本が手をさしのべたのだ。以来河本家通いが始まった。基礎から徹底的に叩き込まれた。3ヵ月の猛特訓で、数学は学年トップクラスの学力を身につけた。不思議なもので、コツを掴むと他の科目もそれに引きつられて成績も大躍進した。

国公立大学や難関大学突破を確信した河本は、こうアドバイスした。

「学業だけでなく、青春を後悔しないためにも何校か下見して、大学の雰囲気、街の風情、そこに根を下ろす人々の表情がどんなものか理解してから、どこに挑戦するか決めたらいい」

恩師の助言を受けてその年の秋が終わる頃、地元の大垣から直通の特急が走り、かつ歴史と文化がある金沢の地に足を踏み入れた。戦国時代、越前の太守であった朝倉義景討伐に失敗し、撤退する織田信長を守るため殿《しんがり》を務めた豊臣秀吉が疾走した北国街道が交差する金沢の香林坊橋に佇むと、泰人は金沢にすっかり魅了されていることに気づいた。

黒塀の武家屋敷が続く町並み、その城下町を守る総構えの痕跡が往時を偲ばせた。世界に2つの都市しかないというお城の中にある大学、ドイツのマンハイム大学（バーデン・ヴュルテンベルク州）と金沢大学が知られるが、金沢城の真ん中に大学がある風景に泰人は息をのんだ。自然や食の豊かさ、江戸中期から息づく友禅技法や金箔など、文化や伝統工芸、芸術が脈々と受け継がれている〝加賀百万石の城下町〟に泰人が心を奪われるのに、さして時間はかからなかった。中部圏を中心に何校か下見に行ったものの、もはや金沢大学以外は目に入ってこなかった。

「青春時代が熱く、豊かなものになる」

そう確信した泰人は、国立金沢大学を第1志望に進学を目指すことに決めた。金沢大学は実は叱咤激励を続けた恩師河本の母校でもあった。

もう一つ、縁を知る話がある。河本はその後、転任先で泰人の妻となる靖子も指導することになる。泰人は結婚式に恩師を招待したが、先生の姿をみた靖子の同窓生は「狐につままれた」ように、〝ポカン〟としていたという。それもそのはずで、河本先生が新郎の恩師とは靖子の同窓生一同、誰も知らなかった。

〝進学〟にホッとする母

進路がなかなか決まらないことに、母照代の不安、心配は膨らんでいだ。新聞・テレビは第1次石油ショックの影響で、銀座はネオンが消え深夜ＴＶ放送が中止になり、経済成長率はマイナス１・４％と戦後初のマイナス成長に陥り、完全失業者は１００万人を突破するなど、照代には不安を煽るニュースばかりを伝えているときだった。

「金沢大学を目指すつもりだ」──。

１９７５年の暮れ、川瀬泰人が金大受験を伝えると、照代はホッとした表情をみせた。照代にとって、「受験に成功するか失敗するか」の問題ではなかった。お腹を痛めて産んだわが子が、「将来を自ら決したこと」に照代は心底、うれしかったようだ。

「恥じらうように微笑む母の顔が忘れられない」

40年近く経った今も、泰人は母の表情を思い出す。実はもう一つ、脳裏から離れない母の顔がある。9年前、慢性気管支炎が悪化し、大垣市民病院に入院している照代はこう言った。

「美味しいイカの刺身が食べたい」

翌日、泰人は熊野灘までイカを追い求め釣行し、釣ったイカを生かしたまま持ち帰った。院内でさばいて刺身にし、照代に振る舞った。「美味しい」と〝弱々しいが幸せそうな表情を浮かべた。〟それはまた泰人がふるまう、最後の手料理となった。

「意識は、それほどはっきりしてはいなかったけれど、刺身を口にしたときの母の笑顔、幸せそうな表情が頭から離れない」

海のない岐阜県に生まれ育った照代が生ものは好きでなかったことも災いして、泰人も小学4、5年生まで刺身は嫌いな食べ物の一つだった。それ以前の刺身と言えば赤茶けたマグロしかなかったからだ。1970年頃からハマチの刺身が出回りはじめ、刺身という食材を認めることができるようになったと言い、やがて泰人は、自らが釣った魚の刺身を食べるようになってから魚に目覚め、照代にも振舞っていたのだそうだ。

金大、人脈形成の原点

入学試験を終え、川瀬泰人は帰りがけに友人と一緒に採点すると、得意な数学は出来が悪く、英語、物理や化学も思ったより点数が伸びず、答え合わせをすればするほど両肩が落ちていくのを感じていた。ただ一つだけ良かったことは国語が過去に取ったことのない１００点だったことであったが、まったく合格の手応えを感じることはできなかった。心配げな母の顔を見るにつけ、自信が萎えていった。あきらめが頂点に達したとき、電報を受け取った母が「やっぱり駄目だったみたい、不合格」といって電報を手渡した。

「やっぱりそうだったんだ」と言いながらおもむろに開封すると〝兼六園桜咲く、おめでとう〟……「不合格なのに何でこんな冗談電報なの？？？不合格ってどこに書いてあるの？？？」と母に訪ねるとなぜか既に母は飛び上がって喜んでいたのだった。

いまでは笑い話だが、母の冗談で不合格モードに入ってしまったため「電報は何かの間違いではないのか」と疑心暗鬼に陥り、翌日の地元新聞に掲載された合格者一覧で確認して、「はじめて合格したことを実感した」と笑う。

1976年4月、第1志望の金沢大学化学工学科に入学すると、泰人は当然のようにテニス部の門を叩き、クラブ活動の合間に授業を受けるようなテニス一筋の学生生活と反省会の日々が始まった。

金沢での学生時代、母から仕込まれた泰人の料理は、「とにかくうまい」と評判で、市内のアパートに多種多彩な仲間が集まってきた。中でも練習後に寄り集まる反省会が、泰人の人脈形成の原点の一つとなる。

金沢大学大学院を出て、東燃石油化学（現東燃ゼネラル石油）に入社した1つ先輩の佐伯義光（現TOTO総合研究所所長）、金大のクラブ活動を代表する合唱部で全国大会3位に導いた寺田一彦（現相模化成常務取締役）、デンソーでエンジニアリングディレクターをしている上坂広人（現デンソーヨーロッパ品質管理部長）、あるいは学部学科、学年に関係なくテニスコートと六畳一間のアパートを舞台に、絆を育み深めてきた。

卒業後、歩む道はそれぞれ違ったが、様々な世界で活躍する仲間たちとの交流は泰人が50歳代後半になる今も続き、互いに大きな刺激を受けている。ただ、会いたくても会うことが叶わない仲間もいた。大学時代、無二の麻雀仲間であった越智秀喜は、30歳そこそこの若さで世を去った。

ところで、経営推進本部本部長の三谷敏幸をはじめ、山林悟志、古川稔晃、宮森英之、宇津佳典ら金大軟式庭球部ＯＢが入社している。今、それぞれ事業の中枢を担い、日本リファイン社長の泰人をサポートしている。学生時代の繋がり、縁《えにし》が、「わが社の今にも繋がっている」ことを、泰人は実感せずにいられなかった。

突然の〝帰還命令〟

「すぐに戻って来い。人手が足りないんだ」――。

医療関係者に薬の効能や安全性など、医薬情報を適確に伝えるプロパー、今でいう〝花形ＭＲ（医薬情報担当）〟として、住友製薬で将来を嘱望されていた川瀬泰人に転機が訪れたのは、１９８５年10月、父泰淳からかかってきた1本の電話だった。

このとき泰淳は、〝人手の足りないこと〟を口実にしたが、それは表向きの理由でしかなかった。

「このままお世話になっていたら、やがて役付きになり、辞めづらくなる。辞めるとなったら、育ててくれた会社や大切なお客さんに迷惑をかける。入社から6年経った今が潮時と思い、戻るように言い聞かせた」

親心が垣間みえる話だが、泰人にとっては身勝手な言い草に思えた。振り返れば、1978年、金沢大学4年生の春であった。就職活動シーズンを控え、泰淳に今後のことを相談した。

「他人の釜の飯を食って、修行してこい」

返ってきたのは、命令口調の突き放した言葉であった。創業家に生まれた泰人は宿命を受け入れ、まだ規模は小さいがリサイクルという祖業を引き継ぎ、守る覚悟があった。

昭和の当時も平成の現在も、後継者問題は創業者にとって頭の痛い悩みの種となっている。内閣府の2014年版調査によると、「60歳代の社長は、3分の2にあたる65・4%が後継者不在」という。その理由は、①子供は女の子だけ、②後継者として資質に欠く、③現業を望み後継者として帰ることを拒否、というものが多い。泰人のように宿命を受け入れ、祖業を守る覚悟を持つ子息は珍しいといえるかもしれない。

川瀬家において、父は反抗することを許されない〝絶対的存在〟であった。「右を向け」と言われれば、母照代も弟泰之も黙って右を向いた。封建的で古いといわれようが、それが川瀬家であった。

就活も〝戻る前提〟に苦戦

１９７９年７月、川瀬泰人は就職活動を始めた。第１志望は商社であった。

「メーカーは自社製品だけをつくるが、商社ならば国内外を問わず多種多彩な商品を扱い、様々な分野にかかわり視野が広がる」

それが、理由であった。金沢大学の就職課に行くと、掲示板に貼り出された募集企業一欄表が目に飛び込んできた。募集欄の一番上、書き出しに記された企業に、泰人は興味を覚えた。一番上ということは、最初に申し込んできたことで、そこに「企業のやる気」を感じ取った。一番上に記されていたのが1890年創業、1918年6月設立、大阪の名門化学商社稲畑産業であった。

結局、父泰淳のアドバイスもあり、大手商社を中心に3社にエントリーした。いずれも最終面接でことごとく落ちた。理由は、どの商社も同じであった。面接官が履歴書を手に、重たげに口を開いた。

「会社経営者の長男ですか。いずれ、親元に戻るのでしょうね。残念ですが、そういう前提の人間を、私どもは雇うことはできません」

きっぱりした口調に気圧され、泰人は静かに面接官の前を離れる以外になかった。しかし、不思議なもので就職課の掲示板を見て最初に興味を抱いた稲畑産業だけは対応が違った。

大阪船場の稲畑産業本店会議室に、緊張が解けた空気が流れた。笑みをたたえて、白髪が目立ち始めた役員とおぼしき面接官は問いかけた。

「10年くらいは、いてくれるでしょう」

2人の面接官の手元の資料には〝優〟の印が押されていた。

「何か、やりたいことはありますか」

もう1人の若い面接官に問われた。

「はい、何でもやります」

「合格」の通知が届いたのは、それから10日ほど経ってからであった。その春、稲畑産業からうれしい知らせが届いたのは新入社員、55人だった。「何でもやります」と言った泰人は当時最も力を入れていた医薬品事業部に配属された。

新人研修が終わり東京地区の社員を対象に、各事業部長が出席する労組主催の懇親会が箱根で開催された。泰人は東京営業本部の部長がいる輪に加わった。

「君はどこに行きたいのか、勤務地に希望はあるかね」

医薬事業部は北は北海道から南は九州と、全国に販売拠点を構えていた。

「はい、どこへでも行きます」

そのひと言で、勤務地が決まったようだ。泰人の配属先は最も厳しい地域である東京23区内しかも担当エリアは中でも最も激戦区である東京都中央区、港区、新宿区の３区であった。稲畑産業の期待の表れであった。

ところで、稲畑産業に入社してから初めての泊まりがけの懇親会で泰人の気骨を表す出来事が起き、その武勇伝があっという間に社内に広まった。労働組合の懇親旅行での出来事、それぞれが和気藹々《あいあい》と懇談していると、突然、怒号が飛び交った。

「そんな気持ちなら、さっさと辞めてしまえ。周りのみんなに失礼だろう。あんたと一緒に仕事はできない」

泰人は同期の女性社員が発した言葉に我慢ができなかった。

「こんなところ、腰掛けよ」

平然と口にし責任感の欠片もなく、小バカにし斜に構える人間と、泰人はデスクを共に仕事をするのはごめんだった。当の女性は翌日から会社に来なくなったため、その噂は即座に広まったことは言うまでも無い。

1984年に稲畑産業の医薬事業部が独立して、住友化学工業の医薬事業部と合併し、誕生したのが住友製薬であった。

稲畑産業ではもう一つの逸話が残っている。それは退社が決まってからのことだった。稲畑産業から既に移籍し住友製薬の社員である泰人に稲畑産業の役員秘書が声をかけた。

「この人に挨拶してから辞めなさい」

この人とは、合成樹脂部長の南方俊三のことだった。

「初めまして、年末に住友製薬を退社することになりました川瀬泰人です。どうぞよろしくお願いいたします」

「そうか、君が辞める川瀬君か。稲畑の飯を食ったなら今後も関係を持ってビジネスに活かすことが大切だ。これからも少しは稲畑のために働きなさい。君のように円満退社したＯＢを集めた『稲親会』という会を作ったので、入会しなさい」

以来、泰人は毎年秋に開催される稲親会を楽しみにすることとなった。

その南方も泰人が稲親会に入会した数年後、50代半ばの現役専務時に急逝してしまう。南方に言われた「あんたは遊びが足りない。もっと遊びなさい」という言葉は今、泰人が後世を背負う人材に向けて時々使っている。

「この会社に入社できて本当に良かった！」

しみじみと泰人は思う。

事業継承へ〝帝王学〟を伝授

実は、社長泰淳が泰人に大垣蒸溜工業への帰還を命じたのには、もう一つ理由が隠されていた。1985年前後、大垣蒸溜は中期経営計画の重要戦略として、〝第2大垣工場建設構想〟が秘かに進行していた。

泰淳はこの構想が、「次の時代を牽引し、持続的成長を可能とする必要不可欠な要件」とした。川瀬泰人を呼び戻す時点で、裸一貫で立ち上げた大垣蒸溜の行く末を左右する構想を、密かに泰人に託すことを決めていた。

創業者に限らず経営トップの最後の仕事は、後継者の発掘、育成である。変化を恐れずに業態を変革し、新たなビジネスモデルを構築して持続的成長路線を確立するまでには10年、20年と長期にわたる時間が必要となる。大垣蒸溜を創業して約20年、泰淳57歳の事業継承への取り組み、準備は決して早くはない。

社長泰淳は泰人に、事業の重要科目である資金調達、用地選定を初め、機械設備の導入、工場の設計レイアウトから従業員の教育、地方自治体との交渉、地域社会との交流など、それこそ経営のいろは、交渉のノウハウを一から教える計画であった。

泰淳は、川瀬家の祖業を理解し経営トップとして事業戦略から予算・人事まで幅広く経営責任を持つ〝帝王学〟を、泰人が30歳前に伝授したい思惑があった。

強引な父に反発

「人手が足りないから、『戻れ』なんて、冗談じゃない」――。

川瀬泰人はこう心の中で反発した。父川瀬泰淳からの電話を受けた当初の偽らざる心境であった。社会人になって6年目、泰人は住友製薬の期待に違わず、敏腕社員に成長していた。当時、「プロパー」と呼ばれた医療情報担当者で、製薬業界の顔として医療現場を回る仕事だった。

総合病院や最新鋭のクリニックがひしめく東京23区、その中でも最激戦区とされる新宿区を、泰人は任されていた。ベット数200床以下の中小病院、規模の大きい診療所やクリニック担当の医薬事業部東京営業部の医療情報担当者として飛び回っていた。

日本を代表する製薬企業がエース級を投入するビジネスエリアで互角に戦い、住友製薬の中ではいつも売上トップグループを走っていた。努力し汗を流せば、流した分だけ結果がついてくるプロパーの仕事が面白くて仕方がない時期だった。

人づきあいの潤滑油ともなるゴルフや、麻雀、会食などアフターファイブの仕事は土日も含めて自分自身も楽しむことが出来、顧客から何を望んでいるのかを誰よりも早く察し、それを実現することにやりがいを感じることができるようになっていた。良い人間関係を構築する事が仕事をする上において最も重要なことであることを身を持って体験するようになっていた。そんな中、取引の最も多かった病院の院長から、院長の養子になり病院を手伝ってくれないかと口説かれたり、2番目に取引の多かった大型クリニックの院長からは現状の2倍の給料を出すから将来、事務長になることを前提として移籍しないかなど、誘いがあったが、現在の仕事にやりがいを感じているという理由でこれらの件は丁重にお断りしていた。

それに、住友製薬からは願ってもないチャンスが訪れようとしていた。ちょうど泰淳の電話があった1週間前、辣腕の病院部の部長から、病院部への異動を打診される。住友製薬では、東大、東京女子医大、慈恵医大などの基幹病院を担当する病院1課は、プロパーの憧れの的であった。当然、泰人は二つ返事で、部長からの打診を受け入れた。東京女子医大病院の担当を予定するとのことであった。

そうした経緯から、泰淳の要請に泰人の心は揺れていた。

〝立ち位置〟を意識

１９８５年11月、大垣蒸溜工業社長川瀬泰淳から第２大垣工場の建設構想を打ち明けられて以降、川瀬泰人は大垣蒸溜の将来や、川瀬家の長男としての立ち位置を意識し始めていた。

「とにかく、仕事が面白くて仕方がない時期でした。こちらの状況など関係なく突然『すぐに戻って来い』です。しかも拒否したら滅茶苦茶、怒る。それはもう目に見えていますから」

泰人は肩をすくめる。だが、それは本心、本音ではない。泰人は実業家であり父でもある泰淳を尊敬し、人生の岐路に立たされた時、泰淳の声に耳を傾け、アドバイスを素直に聞き入れてきた今回の泰人の決断、言動は「祖業を引き継ぐ覚悟ができている」ことを示していた。

「将来性や可能性が無限に広がる、未知のリサイクルに人生を賭けるのも、また面白いかもしれません」

当時住んでいた東京自由が丘のマンションでは朝6時に出て、深夜12時近くに帰ってくる生活を毎日続けていた。睡眠時間は5時間もあればいいほうで、休みの日も呼び出しがあればいつでも、どこからでも駆け付けた。

当時、横浜の神奈川大学に通っていた弟泰之は同居していた兄に対して、こう述べる。

「ゆっくり休んでもらうために、ドアを解錠する音が聞こえたら、起きていても寝ているふりをして物音を立てないように、隣の部屋のベッドの中でジッとしていました」

そんな弟泰之の気配りを知り感謝するが、当の本人は「住友製薬の同僚や先輩、顧客に恵まれ、仕事がつらいと思ったことは1度もなかった」と話す。

ただ住友製薬で培った経験やノウハウを「未知の分野で使い、役立てたらどうなるか」と、自問したこともあった。それほど、住友製薬に打ち込んだ時間は濃密で膨大であった。

「親父が始めたリサイクル事業を大きくし、廃棄物の再資源化を通じて社会に貢献する父を追うのも悪くない」

そんな思いが、日に日に泰人の心を染めていった。

28歳の転機

住友製薬から期待されたエリートの道を離れ、川瀬泰人は大垣蒸溜工業グループの千葉蒸溜への入社を決意する。金沢大学を卒業して６年、稲畑産業を経て住友製薬に転籍し、社会の荒波にもまれながら〝天を怨みず、人を咎めず〟に精一杯、突っ走ってきた。

〝10年〟といった面接官の顔が浮かんだ。

「きっと、許してくれるだろう」――。

プロ野球阪神タイガースが21年振りにセ・リーグ優勝し、初めて日本シリーズも制覇した１９８５年、大阪御堂筋の熱気が冷めやらぬ12月、未知への挑戦に心が躍る28歳の決断であった。

年が明けた１９８６年1月、そんな泰人を入社早々、待ち受けていたのは円高不況であった。

第3章　トップランナーの苦悩

1. コンピュータのない風景

「技術開発の現場にコンピュータが見当たらないが、これで分離、精製の最新技術を売りにする会社なのか」

住友製薬を辞め、1986年1月にグループ企業の千葉蒸溜に入社した弱冠28歳の川瀬泰人が、久しぶりに研修で訪れた大垣蒸溜工業の第一印象であった。

愕然とする泰人に、さらに追い打ちをかけたのは「どうせ社長の息子」という、冷ややかな視線と、「できません」を繰り返す技術開発部門の管理職の姿勢であった。

「なんとかしなければ」――

改革の必要性を強く感じる一方、泰人は父泰淳の助言から、あることを見抜いていた。

「（大垣蒸溜の）他社が真似のできない卓越したものづくり力と、学術的に裏付けされた独自の蒸留理論を融合すれば、リサイクル企業としての成長の可能性はさらに広がるはずだ」

泰人は、大垣蒸溜の可能性を見逃してはいなかった。見抜いた潜在力は、やがて業界のリーディングカンパニーという〃大輪の花〃を咲かすことになる。また、人との付き合いを大切にする泰人であるがゆえに、泰人の周りには常に多くの人が集まり、信頼関係が出来上がっていった。泰人の人柄ゆえの強みともいえよう。

とりわけ、「蒸留計算法」の第一人者、名古屋工業大学教授山田幾穂をはじめ、日本の蒸留工学のリーダーであった東京都立大学（現首都大学東京）教授の平田光穂、蒸留の基礎である「気液平衡」の第一人者である日本大学理工学部教授の小島和夫を師と仰ぎ、蒸留工学、中でも第3成分を使った共沸蒸留法や抽出蒸留法に興味を持ったことが分離シミュレーションソフト開発に、泰人を導いた。泰人と同世代で当時、蒸留工学界の〃若手三羽ガラス〃と称された名古屋工業大学の森秀樹や日本大学生産工学部の日秋俊彦、現在日本リファインの基礎研究部で活躍する元東京工業大学の小菅人慈《ひとし》らとの出会いが、さらにネットワークを広げるための大きな要因となった。

恩師に弟子入り

1980年代、大型コンピュータを自動解析やシミュレーションに活用しはじめた大企業や大学の研究機関は別にして、まだパーソナルコンピュータ（パソコン）は一般に普及する前の段階で、中小企業の社内にコンピュータの姿がないことはめずらしい事ではなかった。しかし、企業が厳しい競争に勝ち、生き延びていくためには絶えず技術革新、業態変革が求められる。

成長か衰退か――。明日の成長の種子となり、企業の未来を左右する重要な研究開発分野で、〝コンピュータの力〟を利用していないことは、中小企業といえども損失のように、川瀬泰人は感じていた。

大垣蒸溜工業での研修から戻ると、泰人はグループトップ川瀬泰淳に申し出た。

「グループ企業が成長するには、弱点を克服し、長所をさらに伸ばすことが必要です。人的資源に頼っている試験・実験を、最新の計算機に置き換え、最適な精製のプロセスを導くための、迅速かつ効率的なシミュレーションをすべきです」

泰淳は黙って頷き、リサイクル事業の肝となる使用済み溶剤の分離・精製をシミュレートするコンピュータ導入を受け入れた。泰人は続けた。

「最適な分離・精製プロセスを開発するためには気液平衡の計算と蒸留のシミュレーションの2つがキーになります。理想系でかつ2成分でしか計算できないソフトウェアのプログラムは一般的に公開されていますが、非理想系かつ多成分で計算できるソフトウェアはありません。蒸留工学を基点として、実際に現場で利用できる高度な気液平衡ソフトの開発がどうしても必要です。一から勉強をさせてください」

泰淳は独立する前、電気塗装機のエンジニア時代からフラスコとアルコールランプを使い、蒸留方法を研究していた。もう、20年以上前のことであった。泰人が口にした「蒸留シミュレーション」に、泰淳はこうアドバイスした。

「蒸留工学の第一人者を知っている。名古屋工業大学の山田先生だ。面識があるから、勉強させてもらってはどうか」

泰人は後に恩師となる名工大の山田教授に3ヵ月間の弟子入りを志願し、コンピュータによる溶剤の成分分離、つまり分離プロセスのシミュレーションソフト開発の基礎となる蒸留計算法等を学ぶことになる。泰人は千葉蒸溜からグループ企業の大垣蒸溜への出向という身分で、岐阜・大垣の実家から名古屋の山田研究室へ日参する日々が始まった。

後に詳しく述べるが、泰人は社長泰淳から2つのミッションを命じられていた。1985年のプラザ合意後の円高による業績悪化に対処する営業体制の立て直しと、岐阜における第2工場の推進で、企画と営業を受け持つ泰人は寝る時間もないほど多忙を極めた。

さらには、泰人自らが課したとはいえ、コンピュータ導入と職場改革の取り組みも待ったなしであった。

研究開発の高度化で温度差

実は、川瀬泰人はコンピュータをはじめとしたハイテク機器による研究、技術開発の遅れよりも、現場の中でものづくりのために技術開発力を高めていこう、という思いがあまり感じられない状況に危機感を抱いた。

先ほども述べたが１９８０年代当時、一般社会はコンピュータの存在も、それを動かすソフトもあまり知られていなかった。大垣蒸溜工業も同様で、コンピュータに興味を持つ者はなく、当然導入の声も上がらなかった。

従業員が挑戦意欲に欠けていたわけではない。シミュレーションを持ち込むことにさほど抵抗もなく、泰人が投じた「コンピュータ導入」という一石にも、波紋が広がることはなかった。

泰人は思った。

「大垣蒸溜が創業して約20年が経ち、古参になればなるほど変化、変革を嫌い、居心地の良い現状に安住しているのではないか。そういった雰囲気が川瀬家のＤＮＡでもある進取の気性が喪失し、時代の風を巧みに取り入れ、成長を手にする先進的経営への転換の障害になっているようだ」

泰人はコンピュータ導入による分離・精製のシミュレート化で、技術開発に新風を吹き込み、従来の体制からの転換を目指した。

だからといって、アナログ的手法、職人気質を否定する気はなかった。むしろ、大垣蒸溜の現場で育った〝製造畑〟の坂本光良や杉山信幸、千葉蒸溜の技術を担当する高橋幸良らの勘や経験は、貴重な戦力になっていると考えていた。ただし、今回のコンピュータ導入は、少なからず勘や経験が重石になっていたことも否めなかった。

膨大な労力のテストラン

使用済み溶剤をリサイクルする場合、主な成分情報は発注元から提供される。高品質に再生するには、成分分析は勿論、情報に無い成分の有無と、その成分の分離・精製がポイントになる。詳細は後述するが、分離プロセスを確立するための小さいスケールでの試験は、技術開発担当者が、ウィットマー蒸留装置、ガスクロマトグラフなどの分析装置を用いて、テストを繰り返していた。そうした試験を経て、最終段階の実機による実証は職人技であり、現場のオペレーターが1つひとつ、成分分離を行うトライ&エラーの実践第一主義であった。

一般に、物質を溶かす有機溶剤は、塗料をはじめ医薬品、農薬、電子材料等の製造工程で使われ、その種類はアセトン、キシレン、トルエンなど、汎用的なもので数十種ある。工程では単成分、あるいは多成分で使用され、使用済み溶剤には、業種等によって溶剤以外の成分も数多く混入している。

そうした中から、成分毎に分離・精製するプロセスをシミュレーションするのだが、実際に装置を動かす時にはプロセスやその条件設定がトライ&エラー方式であるため、最適解を得るのに時間がかかり、更には現場社員の技量によっては余分なコストがかかったりすることがしばしば起きていた。

長年蓄積されてきたノウハウ、職人技にはそれなりの良さがあることは、泰人も認めていた。実機における繰り返しの中から、確かな成果を残し、数々のノウハウを習得していたのも事実であった。問題はこうしたアナログ的手法は非効率で、最適な分離プロセスを確立するまでに相当な労力と時間を要することであった。

実験と現場の勘と経験に頼っていた分離プロセスの確立を、豊富な数値データと確かな計算ソフトで瞬時にシミュレーションする、あるいは、「分離しにくいものを、どうすれば分離できるのか」をシミュレーションするコンピュータの活用は「持続的成長を手に入れるための最低条件」「時代の趨勢《すうせい》、要請である」と、泰人は確信していた。

危機感を募らせた泰人は、覚悟を決めた。

「技術開発や生産プロセスの確立を実験と実装置で試していたら、ムダも間違いも多い。本気で技術開発や現場の環境を変えなければ、会社は技術革新についていけず、成長の足を引っ張ると思い決断しました。そのためには、私も基礎から蒸留工学の勉強をしなければならないと、考えを新たにしたのです」

それが、名古屋工業大学教授山田幾穂に弟子入りするきっかけであった。

蒸留・分離工学に没頭

千葉蒸溜入社早々、川瀬泰人は山田幾穂教授の元で母校金沢大学時代以来、再び蒸留工学を学ぶ。学ぶといっても、実際のところは「これを読んでおけ」と1冊の古びた本を渡されただけで、そこから先は直に教えを受けることは少なかった。

手渡された本は、数式が並んだ大変難解な内容だったが、非理想対応の多成分系蒸留計算ソフトウェア完成に向けて多くのヒントが隠されていた。

また、この本のおかげでより深い興味を持った泰人は、蒸留に関する関連本を買い集めた。その中で、手放すことができなくなった書籍が、東京都立大学（現首都大学東京）教授の平田光穂が著し、泰人の〝バイブル〟となる「最新蒸留工学」であった。蒸留理論の基礎、分離しにくい系へのアプローチの仕方、特に第3成分選択の基礎などがわかりやすく記されていた。

以後、泰人は蒸留のみならず、より幅を広げて分離工学に関わる講演会やセミナー等に積極的に参加し、溶剤の分離精製方法に関して造詣を深めていった。

「ご質問はありませんか」

講演が終わり、司会者の問いかけに、いつも最前列に座っていた泰人は真っ先に手を挙げて質問した。また、その後の懇親会には必ず参加し、それがきっかけで、全国の大学の著名な先生方との交流が一層深まっていった。

１９８６年の冬から春にかけて、泰人は昼夜を問わず分離・精製プロセスをシミュレーションするソフト開発に欠かせない蒸留計算法等の勉強に没頭した。従来からある理想系しか対応していないソフトウェアでは、水とメタノール、トルエンとキシレンなど同族、同類の蒸留計算は容易にできるが、水と酢酸エチル、メタノールとトルエンなどの非同族、非同類が混合している非理想系の蒸留計算はできない。

特に複数の成分が含まれている溶剤、例えば水とブチルアルコール、酢酸ブチルが混在する場合、分離するために不可欠な第3成分を解明する新たなソフト、つまり非理想系に対応できるソフトが必要となる。

現場を変えたシミュレーターの成果

「3ヵ月で大学4年分の勉強を一気にやったような気がします」

川瀬泰人はこう懐かしむ。

「通常では分離しにくいものの分離方法の解析や、どうすれば効率的な分離ができるかをシミュレーションすることにより、短時間で技術開発が可能になりました」

複雑な気液平衡関係の推算や共沸蒸留法、抽出蒸留法への展開もシミュレーションが簡単にできるようになった。

これまでのように実験から始めるのではなく、まず気液平衡関係を計算することにより全体の精製プロセスの当たりを付け、さらにシミュレーターで最適な操作条件を予測し、その上で実験を実施。その結果に基づいて実際の蒸留塔をどれにするか、そして運転条件をどうするのか、シミュレーターとにらめっこしながら最終的に決定する。

ただし微量で不明な不純物除去に関してのプロセス内での動向は実験に頼るほかはなく、シミュレーターとしての限界は否めなかった。

当時、大型コンピュータによる解析は一般的に可能であったが、パソコンレベルでの解析ソフトウェアは存在していなかった。実際の現場での使用に耐え得る使い勝手の良いツールをこの時点で活用できるようにしたことで、当社の技術レベルが格段に伸びるきっかけを作ったことに大きな意義があったといえよう。

これまで「こんなものはできません」と、突っぱねていた一部の社員の態度、現場の雰囲気は一変した。コンピュータというハイテク機器の活用により一歩進んだアイディアや推論、それまで先入観で不可能としてきたことに対して、様々な解決の可能性を、現場は考えるように変わっていった。

午後5時からの教え

ところで、川瀬泰人が恩師山田幾穂から直接、教えを受けたのは人間関係の構築とその重要性についてであった。何のことはない。平たくいえば、本音で付き合える"飲みニケーション"の重要性であった。山田先生の研究室は午後5時になると、テーブルにビール瓶が並び、どこからともなく同僚の先生や学生、卒業生が集まってきた。その中で、泰人は当時、山田教授の助手だった森秀樹や門下生である中央化工機の水谷栄一、日本車輌製造の犬塚正憲らに出会う。

山田研究室を舞台にした一期一会が、泰人の人生、大垣蒸溜グループの行く末に影響を与えることになる。

「いつの間にか人が集まってくる山田幾穂とは、いかなる人物なのか」

日本リファインの名誉会長になった川瀬泰淳は、出会った頃を振り返る。

「山田先生は蒸留による分離の理論を確立していました。ある種の第3成分を混ぜることにより溶剤と水が簡単に分離でき、同時に溶剤を高純度化できるのではないかというものでした。それはあくまでも理論段階で、理屈としてはわかっていました。山田先生はこれを実践に落とし込み、初めて使用済み溶剤の精製装置の開発に道筋をつけたのです」

泰淳も電気塗装機のエンジニア時代から独学で蒸留工学を学び、創業してからは山田先生のアドバイスを受け、溶剤の分離・精製を研究する技術者であった。それだけに、山田先生の力量、実力を見抜いていた1人であった。

実は大垣蒸溜と山田教授との関わりは、泰人が弟子入りするはるか前、今から45年ほど前の１９７０年頃、ＩＰＡ（イソプロピルアルコール）の脱水プロセスを開発する時期にまで遡る。泰淳とは、それ以来の付き合いであった。泰淳が出会ってから16年後、今度は泰人が山田研究所に日参することになる。縁とは、「つくづく不思議なものだ」と川瀬泰人は思う。

泰人の提言、成長を牽引

１９８６年5月のゴールデンウィーク明けに、大役を果たして、千葉蒸溜に戻った川瀬泰人は社長室に出向き、グループトップの川瀬泰淳にコンピュータ導入について報告した。そして、再び申し出た。当時、プラザ合意後の円高が受注に影を落とし、また第2工場の建設計画もあり、それに見合う仕事量の確保が課題となっていた。

「わが社が成長するには一層の営業力強化が必要だと思います。顧客が集中する東京の一等地に最前線基地を新設するべきです」

泰淳はニヤリと笑った。それまでは工場近くに拠点がないと、営業にならなかった。ところが、コンピュータを設置し、そこで溶剤の分離・精製シミュレーションがある程度可能になれば、工場での直接のやりとりがなくても、営業活動に支障をきたすことはない。

それから4ヵ月後の9月、東京日本橋に営業兼プロセス開発の拠点となる東京事務所がオープンした。

泰淳は営業力増強に動いた。1987年から1990年にかけて、山田先生らの力を借り、または縁を頼りに5人の優秀な学卒を採用した。現在、経営の中枢で活躍する堀博、中田清、川瀬泰之、島村美智夫、長谷川光彦らで、彼らの活躍がやがてグループを溶剤リサイクル業界のトップカンパニーに導く原動力となる。

その後も恩師山田幾穂の名古屋工業大学、小島和夫教授の日本大学、泰人の母校金沢大学など、３つのルートを軸にリクルート活動を展開。多くの卒業生が、日本リファインの門をたたき、今日の事業の屋台骨を支えている。

泰人は山田研究室に弟子入りしてわずか3ヵ月間で、ソフト開発・導入を見事にやり遂げた。その後も、泰人は名工大の山田研究室に通い、山田の命により分離技術懇話会（現 分離技術会）へ入会、さらには化学工学会のグローバルテクノロジー委員会へ入会し、多くの他社人材と交流することとなった。

工学博士号を取得

本業のリサイクル事業と、限られた時間をみつけて蒸留工学をはじめとする分離技術の研究に打ち込む川瀬泰人が、工学博士号を取得したのは２００６年３月であった。そのきっかけとなったのは、日本リファインが開発した微量溶剤除去回収装置「ソルピコ」が分離技術賞を受賞した7年前に遡る。

1999年秋、四日市で開催された分離技術会東海地区見学講演会で、当時名古屋大学工学研究科助教授だった坂東芳行が、泰人の博士号の扉を開けた。新たな分離技術のネタを持つ名古屋大学工学研究科の助手安田啓司を泰人に紹介したのだった。安田は酒好きが高じたわけではないが、徳島の造り酒屋の依頼で原酒に超音波を照射し、その霧から作った〝霧造り日本酒〟に関する論文「水とアルコールを分離するための超音波霧化」を著した、気鋭の学者であった。安田はこう切り出した。

「この技術を溶剤の分離に応用展開したい、共同研究しませんか」

分離技術の模索をしていた泰人は、すぐに安田の技術に興味を持ち、語り合った。

こうして、新たな分離技術に関する共同研究がスタートし、安田や坂東らの教えを受けて、泰人は分離プロセスにおける超音波利用の研究を深めていく。

研究に対する真摯な姿勢を評価していた坂東や安田は、泰人に博士号の取得を勧める。2人の厚意に感謝し、泰人は学位論文執筆を決意する。2002年4月、名大大学院に身を置き、同工学研究科教授中村正秋の元で、休日の土・日曜日や岐阜・大垣への出張を活用して、博士号取得のテーマとなる超音波応用に関する研究が本格的に始まった。

そして、２００５年12月、中村教授を主査に「超音波を利用した分離プロセスに関する研究」と題する学位論文を上梓する。本編３部10章で構成された力作であった。縁とは本当に不思議なもので、泰人が論文を書き上げたその年に中村教授は退官した。

Ａ４判の黒い表紙カバーが泰人の手元に届いた暮れも押し詰まった日、泰人の姿は大垣市の大垣市民病院にあった。母照代は入院していた。泰人がドアノブを回すと、照代は目を開けた。泰人の気配をすでに感じ取っていた。何時ものように、眠りを妨げぬように、泰人は静かに病室に入った。体を起こし、ドアに向けていた母の顔。目を合わせると、一面に笑顔が広がった。嬉しかったのだろう。泰人は黙って黒いカバーを差し出した。母は下を向いて、黒いカバーをさすりながら、じっとみつめたままだった。

地道な努力が実り、２００６年３月、名古屋大学大学院の教授会は泰人の工学博士号を決定した。山田門下入りしてから18年後のことであった。しかし、心はいま一つ晴れなかった。病弱の母照代が入退院を繰り返していたからであった。

そして、２００７年12月１日、ついに、覚悟をしていた日が訪れた。最愛の母照代が慢性気管支炎で、79歳の生涯を閉じたのである。

母に続き、恩師逝く

振り返れば、4年前の祖母タミに続き、母照代の永眠で心にぽっかり穴があいた川瀬泰人に、また一つ不幸が訪れた。母が旅立ってから1年半後の2009年5月25日、恩師山田幾穂が蒸留工学一筋の化学人生に幕を閉じた。母が生まれた翌年、ニューヨーク株式市場の暴落を引き金に世界大恐慌が始まった1929年、愛知県で生を受けた〝焼け跡・闇市派〟の世代だった。

2000年の分離技術会会長を勇退後も、元気に学会活動の最前線で活躍し、2009年1月、日本リファインの技術顧問を辞してから、わずか4ヵ月後の静かな死であった。享年80歳。

思い出は尽きない。

「ボロ会社を一流会社に仕立てる。それがワシの生きがいだ」

名古屋工業大学を退官した1993年、教え子達が退官記念誌「景雲飛翔」を制作するなど人望の篤い人で、日本リファインにとっても大きな影響と実績を残した1人であった。東証1部上場の東亞合成や東洋エンジニアリング（現ＴＥＣ）と同様に、現役時代には優先的に人材を日本リファインに紹介した。堀博や中田清をはじめ、山田先生の教え子たちがいま、経営の中枢を担っている。

創業間もない１９７０年、日本リファインが成長するきっかけとなるＩＰＡ（イソプロピルアルコール）脱水蒸留塔の基本設計を主導し、溶剤メーカーの新液より品質の高い純度９９・９％、〝スリーナイン〟というＩＰＡ再生品の成功に導き、日本リファイン躍進の基礎をつくった。

その後、山田先生の指導もあり、日本リファインは次々と新たな技術を形にしていった。「エルファイン」「ソルスター」などの濃縮装置、ＳＲＳ（液晶剥離液リサイクル装置）、ソルピコ（排水中の微量溶剤分離装置）、エコトラップ（排ガス中の溶剤回収装置）など各種環境保全装置を開発。日本リファインは溶剤に関わる環境ソリューション企業としての道を歩み、リサイクル業界に新たなビジネスモデルを創出していくことになる。

川瀬泰淳は、山田先生が名工大を退官後の１９９３年、技術顧問及び監査役として、また業界団体である日本溶剤リサイクル工業会の顧問に招聘するなど、後々まで山田を大切に処遇した。考えてみれば退官後、蒸留工学の第一人者として引き手、数多のはずなのに、「何故、中堅企業の日本リファインに身を寄せたのだろうか」――。言えることは、泰淳に共鳴し、泰人を「突き放すことのできない大切な存在」と感じていたのだろう。

恩師山田の人柄を表し、思わずニヤリとさせるエピソードがある。愛弟子の泰人は次のように語り、山田の冥福を祈る。

「アルコールが大好きで、特にビールには目がなく、少しでも長く飲んでいられるように、東京から名古屋への移動の際には決まって『こだま』に乗ろうとおっしゃいました」

空き缶は車窓の縁の端から端まで一列に並んだという。

感謝、合掌――。

2. 2つのミッション

景気の谷で〝大きな器〟を

プラザ合意後の円高による受注減対策に奔走していた川瀬泰人が、社長川瀬泰淳から命じられたミッションが1986年冬、本格的に動き出した。泰淳が3年ほど前から温めていた構想で、泰人を呼び戻す理由の1つにもなった第2工場（現 輪之内工場）建設計画であった。

「分相応、人間の成長も企業発展も、身の丈に合った器の大きさにしかならない。穴はカニの甲羅に合わせてはダメだ。手に余る器、能力や状況を超える器を作ることで、次の山を受け入れることができる」

汗から学んだ泰淳流の経営哲学〝器論〟で、経営者としての凄みを感じさせる言葉だが、当然リスクが発生する。

「器論の要諦は、リスクを相手にかけないこと。仕事があっても、なかったとしても、器の責任はすべて自らが持つ。そうでなければ、仕事は来ない。山高ければ谷深し。設備投資で大切なことは景気の谷底で備えをし、やがてくる山（景気）の高さに合う器を整える。景気の底を見極め、時期を逃してはならない」

泰淳にとって、いまが好機到来である。多くの企業が景気低迷から設備投資を手控える「この時」を、泰淳は待っていた。

「朝の来ない夜はない。時代も経済も動いている。こちらも動かなければ、本当のことはわからない。自分で絶えず市場調査をすれば、チャンスはみえる」

それが、独特な勘を育む。だが、その一言以上に、泰淳の勘は後に的中することになる。

1986年前後、買収した千葉蒸溜（旧市原蒸溜）を数億円かけて増設し、また岐阜・大垣で15億円を投じる新工場建設が計画されていた。ところが、円高の影響が日本経済に浸透してきた1987年に入ると、月を追うごとに大垣蒸溜の業績は悪化し、第2工場建設計画を心配する声が高くなった。

だが、器論と勘から、泰淳に建設中止の選択肢はなかった。すでに、大垣工場は成長を後押しする器の大きさがなかったし、周辺環境も様変わりしていた。大垣工場が稼働してから20年が経過し、老朽化は進み、狭隘《きょうあい》のために拡張工事もままならず、このままでは受注拡大への対応、将来展望を示すことが難しくなっていた。さらに操業当初、田畑が広がっていた周辺に戸建て住宅が次々に建ち並び、人口増加を続けるなど環境は大きく変わっていた。シンナーやアルコール等の引火性の強い危険物を扱う関係から、泰淳だけでなく泰人も万が一、事故が発生して近隣住民に危険が及ぶことを危惧していた。

〝飛躍の翼〟第2工場の建設

月間処理２００トンの蒸留塔と日本初のＰＶセパレーター（ＩＰＡの脱水装置）を導入する第２工場構想が浮上したのは、１９８６年初秋のことだった。大垣蒸溜工業社長川瀬泰淳から構想の実行を託された川瀬泰人は、当時東京事務所の企画課員であったが、実行部隊のメンバーの1人として加わった。

当時、大垣工場の勤務体制は朝6時から夜11時までで、冬になると滋賀と岐阜の県境にある伊吹山から吹き下ろす風（伊吹おろし）の冷たさは尋常ではなく、言葉で表せないほどの厳しさだったという。

「真っ暗闇の朝5時半過ぎに門をくぐり、休憩室のカギを開け、コンロで湯を沸かす。煮え立つ湯が入ったヤカンを持って、凍てついた冷却水ポンプに熱湯をかけ、手で回すことができるまで何度も湯を沸かしてかける。真っ暗な中、何台もある冷却水ポンプに熱湯をかけて回っていた」

第2工場の用地選定は社長である泰淳と常務取締役尾関芳男が担当することにした。「良い物件がある」と聞けば、近隣の滋賀、三重、福井まで足を伸ばすなど、2人はどこへでも行った。経営トップ2人の出馬で、用地問題も簡単に片付くと考えられていたが、そうは問屋が卸さなかった。問題は市町村の態度であった。地権者と土地売買で合意しても事業の許認可を握る市町村議会が難色を示し、許可が下りないケースがほとんどであった。産業廃棄物に対する地域住民のアレルギーが議会を牽制していた。

〝蒸留水〟と勘違い

「産業廃棄物を扱うリサイクル事業の難しさ、役人の小賢しさを改めて思い知らされた」

役所内の関係部署10数カ所を回る度に、許認可の難しさをとうとうと説明する地方行政幹部の態度に疲弊した川瀬泰淳は当時をしみじみと振り返るが、ここでも運は泰淳に味方した。おもしろいエピソードがある。

泰淳は尾関芳男を伴って、岐阜県安八郡輪之内町の町長室を訪れた。挨拶もそこそこに、町長が大きな声を出した。

「聞いています。よろしくお願いしますよ、蒸留水」

泰淳に同行した芳男は苦笑いをしつつ、どう対応したらよいかわからず、「ただ下を向いていた」という。

町長は飲み水の〝蒸留水〟と、リサイクル設備の〝蒸留塔〟を混同、あるいは勘違いしたのか、「あえて混同したのか」、確かめようはないが、泰淳と芳男の努力が実を結び、産業廃棄物の事業許可を得ることができた。

大垣蒸溜は埋立地である岐阜県安八郡輪之内町中郷新田2573番地に、大垣工場の約4倍の広さの敷地約2万3100平方㍍（約7000坪）の用地を取得。最終的に総額10億円を超える第2工場建設計画に着手した。

建設工事は順調に進み、1987年5月、三井造船が開発した膜浸透蒸発式のPVセパレーターをはじめ、常圧蒸留装置（泡鐘棚段式2塔、単蒸留式1塔）、減圧蒸留装置（泡鐘棚段式2塔、単蒸留式1塔）などを導入した最新鋭工場が完成した。

第2工場は立地する地名から「輪之内工場」と命名され、登記上の本社工場として稼働した。輪之内工場は大垣工場から南東13キロメートルに位置し、両工場間における原材料、製品の相互融通、人的交流も容易であった。

大垣蒸溜の創業から21年目、泰淳はついに明日に向かって飛翔し、次代の大垣蒸溜グループを牽引する、まさしく念願の〝飛躍の翼〟を手に入れた。

プラザ合意で業績は悪化

もう1つのミッションが、川瀬泰人に重くのしかかっていた。プラザ合意による国際為替政策の大転換は、日本経済に匕首を突き付けた。１９８５年に年初1ドル２５２円50銭だった円相場は翌１９８６年7月、1ドル１５９円25銭と初の１５０円台に突入した。急激なドル安・円高で、輸出主導の国内産業は大打撃を受けた。リサイクル業の大垣蒸溜工業もその影響から逃れることはできなかった。

円高によって、輸入品の価格が下がり、ありとあらゆる輸入溶剤は半値以下となった。例えば、トルエンはキロ１１０円が40円に、メタノールも同80円から30円台に、約3分の1に値下がりするなど、大垣蒸溜の再生品価格の優位性は一気に喪失した。安い輸入バージン（新液）溶剤に対抗するため、社長川瀬泰淳は値下げを断行せざるを得なかった。

この決断により、受注は回復し、売上は持ち直したものの、収益力は大きく低下した。大垣蒸溜グループの業績は、１９７５年初の第一次石油危機時と同様に悪化した。首都圏を業務エリアとする千葉蒸溜の1987年4月期決算は、売上が前期比16・0%減の13億4936万円と激減し、5年振りに経常利益、当期利益ともに赤字となった。翌年の1988年4月期決算も売上は持ち直したものの、2年連続の赤字を強いられた。

一方、大垣工場と新設の輪之内工場をかかえる大垣蒸溜も、1985年初に比べ2倍以上に切り上がった円高の影響で、1988年2月期決算は創業3年目の1969年度以来、19年振りに経常、当期利益とも赤字となり、翌1989年2月期も赤字決算となった。急激に進む円高は大垣蒸溜グループの資金繰りを直撃し、経営は急速に下降していった。

懸念するメインバンクは、何度も泰人に状況説明と対策を求めた。その都度、泰人は岐阜・大垣に向かいメインバンクから出向していた経理部長佐竹明を伴い、受注量拡大、コスト削減等の対策を丁寧に説明し続けた。

「承知しました」

メインバングの幹部の言葉に、泰人は安堵した。

業績に寄与した大手製薬会社からの受注

深刻な円高は社内の円高対策会議にも影を落とした。蒸留塔の運転を維持したい工場現場側と、稼働率を下げてでも安値受注を避けたい営業側の意見が対立した。やがて意見が堂々巡りに陥ると、川瀬泰淳は企画と営業を兼務していた川瀬泰人に発言を求めた。

「経費（固定費）が確保できる限界まで利益が薄くなっても、工場の稼働を確保するべきです。限界利益がプラスになる仕事を取りまくる以外に生き残る道はありません」

この泰人の発言が円高対策会議を推し進めていくことになった。腕を組んでじっと聞き入っていたグループトップ川瀬泰淳が、おもむろに幹部らの顔を見渡し、そして頷いた。泰人の提案に、〝GO〟のサインが出たことを意味した頷きであった。

「給料を払い社員の生活を守るためには、とにかく安くてもいいから仕事をとり工場を動かして利益を確保することしかありません」

東京事務所を拠点に、首都圏市場攻略に汗を流していた営業部隊に一筋の光明が見えだした。泰人が立案した受注拡大戦略が、1989年に実を結ぼうとしていた。大手製薬会社B社への大口の仕事の提案が通った。B社の抗生物質製造時に使われる各種溶剤のリサイクルの提案が承認されたのである。それまでは、製造工場内で焼却処理していたという。

泰人が提案して導入したコンピュータを活用した技術開発が成功し、大型案件受注に結びついた。これによって、B社からの1989年の廃液の入荷量は前年比3倍増と急拡大した。

泰人による受注拡大戦略は、見事に功を奏した。尾関修をトップとし、6人に増強した営業部隊が、首都圏の製造企業から必死にリサイクルの仕事を獲得した結果、受注は徐々に回復。予定した大口の仕事が入らず閑散としていた新設の輪之内工場も次第にフル稼働の状況になっていった。

売上推移を見ると、大垣、千葉の両社とも一目瞭然であった。千葉蒸溜は1988年4月期からの4ヵ年はそれぞれ、前年比18・4%増の15億9893万円、同20・5%増の19億2682万円、同1・1%増の19億4899万円、同2・4%

増の19億9682万円と、右肩上がりのカーブを描き、それは大垣蒸溜も同じであった。

1日8時間の生産体制では受注を消化仕切れず、1990年、泰淳は輪之内工場を2勤務交代制の24時間操業に切り替えた。昼夜を問わず、使用済み溶剤の処理、再生品への精製をし続け、労使一体、全社員一丸となって円高に立ち向かった。

2年前の1986年9月に東京日本橋に開設し、営業の前線基地となった東京事務所は相次ぐ受注で活気づいた。工場の生産活動も活況を呈していたが、収益力の本格回復は道半ばであった。

利益なき繁忙

「作ってもつくっても利益が出ない」――。

生産量は回復したものの、十分な利益確保にはまだ、時間を要した。

一般に、経済構造の変化などで大不況となり、業績が大幅に落ち込むと、その回復までに、相当の時間を要するように、大垣、千葉両社の場合も、同様であった。

いわゆる〝利益なき繁忙〟を余儀なくされたのだった。

言うまでもなく、その最大の要因は、円高による輸入品の優位性である。当時、大垣蒸溜工業グループと同様に、多くの企業が「円高」に苦しめられ、一部の企業は、この対処策として、海外に生産を求める動きが出始めて、〝空洞化〟なる現象がクローズアップされた。

大垣蒸溜工業グループの限界利益の向上を目指す受注拡大戦略で生産量は回復したものの、利益は上向かなかった。

こうした急激な円高によって、多くの企業の業績が大きく落ち込む中、政府・日銀が為替市場に介入し、円安方向に導くなど国の政策もあって、プラザ合意から4年目の1989年4月決算で千葉蒸溜が、翌1990年2月決算で大垣蒸溜がそれぞれ黒字転換を果たした。

長く続いた円高不況も収まり、日本経済同様、大垣蒸溜グループは再び成長路線を歩み始めた。

「あれだけの危機を乗り越えたのだ。何が起きても、もう怖くはない」

従業員の顔は自信に満ちあふれていた。一層の飛躍を目指し、グループトップ泰淳は株式上場に動き出す。行く手を遮るものは何もなく、大垣蒸溜グループの前にはようやく視界が開けてきた。

3. 教訓となった輪之内工場事故

1990年11月7日、朝、川瀬泰人は急いで千葉津田沼の自宅を後にした。そして、JR総武快速線に乗り、「新日本橋」駅で下車し、千葉蒸溜の東京事務所に向かった。東海道、日光道、中山道など日本の大動脈、5街道の起点となる〝お江戸日本橋〟に大店を構える百貨店三越本店とその新館の間の「一越ビル」の一角に、東京事務所があった。

午前9時、始業時間の20分前に東京事務所に着くと、駆け寄って来た若手社員が、これまでに入手した情報と、千葉の自宅から重要案件で大垣本社工場に向かった社長川瀬泰淳とは「すでに連絡がついた」ことを知らせた。

その内容は、輪之内工場の蒸留釜が爆発するという創業以来初の事故発生の連絡だった。

事故の概要と犠牲者

大垣消防署によると、爆発事故の概要は次のようであった。

「エポキシ樹脂製造で発生するジメチルスルホキシド（ＤＭＳＯ）と、エピクロルヒドリン（ＥＣＨ）を含むＥＣＨ廃液からＥＣＨを回収するため、減圧蒸留を行った。塔底温度の上昇から暴走反応による爆発・火災が発生したもよう」

爆発したのは、蒸留塔だった。

始業直前の事故発生当時を、当時の製造課員は次のように語る。

「〝ドーン〟と大きな音がしたので、何事かと思い、現場の方へ行こうとしたときです。もう1度〝ドーン〟と大きな音がして、周囲にいた人たちが大慌てで正門の方へ駆けていきました。（音がした）現場の方を振り返ると、（蒸留塔の）釜が爆発していた」

蒸留塔のフランジ、約１００キログラムもの分厚い蓋が爆風で１００メートルほど離れた工場入り口付近に転がっていたという。

この事故により、製造課勤務の一人の若者が犠牲となり、翌11月8日、意識が戻らぬまま、家族、親族に看取られて入院先の大垣市民病院で息を引き取った。21歳だった。

午前7時と7時20分、加熱蒸気の安全弁が作動したため、加熱蒸気圧を下げる措置を行ったが、7時45分頃、蒸留塔の一部から白煙が上がるのをみて、急ぎ現場事務所に異変を報告した。その後、再び現場に戻り爆発に遭遇した。前日の夜8時から今朝の8時までの深夜番の勤務を終える15分ほど前のことであった。

事故の原因

「爆発事故は何故、起きたか」—。

千葉津田沼の自宅にかかってきた電話で爆発事故の第1報を受けたとき、川瀬泰人の頭に最初に浮かんだ疑問であった。その時点で原因はまだ解明されていなかったが、泰人は悔しさが募った。

輪之内工場の製造部門責任者坂本光良(元技術開発部門執行役員)も同じ思いだっ

た。毎朝ミーティングを開き、その日処理する溶剤、それに対処する処理ノウハウや温度管理を含めた運転方法を確認し、徹底して安全管理を追究、実施してきた。それだけに、悔しさが募った。

第三者機関が事故原因について総括したレポートがある。原因は川瀬泰淳が命じて発足した「社内事故調査委員会」(委員長山田幾穂氏)とほぼ同じであった。以下、爆発の原因を記す。

「エピクロルヒドリン（ＥＣＨ）の重合反応が起こり、蒸留塔底組成に重質化により釜内の温度が上昇し、ＥＣＨ廃液のＥＣＨの重合やジメチルスルホキシド（ＤＭＳＯ）の分解などが急激に起こった。その圧力上昇で原料液が噴出し爆発、火災になったと考えられる」

結局、「実際に入荷したものでの正確な熱解析ができていなかったことやオペレーターすべてへの危険性の共有化ができていないなど、安全管理の甘さがあったこと」と泰人は分析。同時に、エンドレスで安全性を追求し、ハード、ソフト両面から強化していく重要性を痛感したのだった。

それから３ヵ月後、事故原因に関し社内事故調査委員会からの報告を受けた社長川瀬泰淳は1991年2月、輪之内町長に「操業再開における安全対策についての協議書」を提出した。

業務上の過失なし、ただし6ヵ月の業務停止命令

6ヵ月の業務停止命令が大垣市消防署から下された。大垣署は「過失は認められない」と判断し、業務上過失致死傷等の罪には問われなかった。ただ、月間600トンを処理する主力工場の操業停止により、大垣蒸溜全体の処理能力は大幅に低下した。

苦境を救ったのはベンチャーキャピタル、金融機関、証券会社など17社・組合を引受先とした第三者割当増資であった。当時、大垣蒸溜工業は念願の株式の店頭公開を目指し、財務体質強化の一環として1万5000株の新株発行を計画していた。最終的に株式公開は見送るが、事故の2日前、第三者割当増資分の振り込みが完了し、手元に7億5000万円の資金があった。しかも、備えがあった。常務取締役尾関芳男は述懐する。

「3ヵ月後には災害、汚染・汚濁防止等に関する保険金約2億円が支払われる予定で、十分な資金確保の見通しは立っていました」

川瀬泰人は、「天がリサイクル事業で社会に貢献せよ、と告げたのかもしれない。事故発生前に資金が入ったことに、運命的なものを感じた」という。

泰淳を筆頭に大垣蒸溜の経営幹部は、新株発行の引受人を訪ね、頭を下げて復興への協力を要請した。誠意ある対応が出資者に受け入れられ、了承を得た。「増資資金は工場再建、事業復興に投資する」ことに理解が示されたのであった。

全責任は〝社長の俺にある〟

事故処理もほぼメドがついた12月の暮れ、坂本光良の元に、社長川瀬泰淳から1本の電話が入った。製造部門の責任者としてある決意を固めていたときであった。

「今すぐ、社長室に来い」

坂本はピンときた。その前日か前々日に、大株主である尾関家の親類に辞意を漏らしていた。辞表を懐に本社工場の社長室を訪れた。

頬が削げるほどにやつれた顔をみて、坂本の覚悟を察知した泰淳はいった。

「全責任は社長の俺にある」

坂本は取り出しかけた辞表を内ポケットに押し込み、頭を下げて社長室を後にした。

犠牲になった社員の告別式は、揖斐郡池田町の自宅でしめやかに執り行われた。冷たい風が吹く中、大垣蒸溜工業社長川瀬泰淳は身動きもせず、数珠を握りしめたまま遺影をみつめていた。厳かな読経に促されるように、多くの弔問客が焼香に訪れた。

「安心・安全を第1に、顧客から信頼され、地域に貢献する企業につくりあげなければ、犠牲になった人や地元に申し訳ない」

川瀬泰人は安全操業の徹底追求を誓った。事故は、数々の教訓を残したのだった。

第４章　出会い

1. 日本リファイン 誕生前夜

1993年9月、専務取締役に昇進した川瀬泰人は〝これからの想い〟を、翌々月に創刊した社内報「NR通信」に寄せた。

「〝夢〟のある会社、これが理想です。企業人として恒久的に夢を持ち続けることができるシステムを創っていきたいと考えています。

私の〝夢〟は、日本リファインを社外の人が羨むような超一流の企業にすることです。あえて、超一流というのは待遇、福利厚生、外面的なもののみならず、内面すなわち〝心〟の優れた企業という意味です。それぞれの〝夢〟の実現のために頑張りましょう」

多くの社員の夢を乗せ、飛躍を始めた日本リファイン誕生は、大垣蒸溜と千葉蒸溜の合併という一歩からはじまった。

会議室に響く「異議なし」の声

１９９１年5月1日午前10時、大垣蒸溜工業グループトップの川瀬泰淳は輪之内工場会議室で株主、幹部社員、取引関係者らが見守る中、大垣蒸溜と千葉蒸溜の代表取締役社長として「両社合併に関する契約書」にサインした。

６日後の5月7日、同じく輪之内工場会議室で臨時株主総会が開催され、総会議長を務める泰淳は合併契約書を読み上げた。

「川瀬代表取締役の決断を支持し、合併に異議なし」──。

大垣蒸溜と千葉蒸溜の大株主として名を連ねる尾関芳男は、議長泰淳の提案に賛成した。両社の合併契約書は満場異議なく承認され、合併新会社「日本リファイン」は7月1日、正式に発足することが決まった。祖業の創業者泰淳を代表取締役社長に、入社5年目、33歳の取締役として川瀬泰人は西日本の営業を統括する大垣営業部長と、新技術・新規事業の開発を担う企画部長を任された。

輪之内工場での事故前、グループの業績は好転していた。事故は受注量が増加し、稼働率も上がってきた矢先の出来事だった。第三者割当増資は株式公開を前提にした資本政策であり、もし事故がなく、平穏に業績が予定通りであったならば、上場をこの時点で成立させていたかもしれなかった。吸収合併も上場に向け、企業規模を確保することがひとつの目的だった。また、長期的にみて会社が2つである必要は無く、合併で合理化を推進することは自然な流れでもあった。

「リファイン」する

「事故で上場を見送らざるを得なくなったが、2社合併は予定通り進め、心新たに新しい一歩を踏み出そう。そして事故の前より、より心を引き締めて仕事に臨もうという思いがあった」と泰人は当時を振り返る。

心新たに新しい会社として歩み出そうという社内の雰囲気を醸成しようと取り組んだのが新社名の社内公募だった。全社参加で新社名を募集し、数の多いものを抽出して、再度投票する手法をとった。

「日本リファイン」は最初の応募で数多くの社員が提案していた名前だった。実は社員のみならず社長の泰淳、そして泰人も投じていた社名だった。

リファイン（Refine）は、「きれいにする、不純物を取り除く、清澄にする」という英単語。そして「改良する、洗練する」という意味も持つ。すでに社内では仕事を通じて「リファイン」は日常的に使われていた。泰人の「新しい一歩」を踏みだし、そして、より洗練した会社になっていこうという思いも表現されていた。

泰淳も「リファイン」という単語は当時も使っていたという。さらに、「当時の我々の業界は、県や地域を社名につけるのが普通だった。大垣蒸溜と千葉蒸溜もそうだ。しかし、今は多くの企業が海外展開している時代。海外に展開できる名前にしたい」と思い社名に「日本」をつけることを意識していた。

こうして社内投票でも選ばれた「日本リファイン」は、取締役会で新社名として承認された。

新たな船出

1991年5月7日に開かれた株主総会では合併に伴う、諸条件が確認された。

存続会社は祖業の大垣蒸溜とし、千葉蒸溜は解散する。これに伴い、大垣蒸溜が所有する千葉蒸溜の全株式（発行済み16万株）は、契約書記載の通り合併と同時に無償償却し、合併後の大垣蒸溜発行株式数及び資本の額を増加しないこと。本社機能は存続会社である大垣蒸溜の輪之内工場に置いた。

こうして「日本リファイン」が7月1日に無事発足し、代表取締役社長に就任した川瀬泰淳を筆頭に取締役尾関芳男、同尾関芳弘、同八代英造、同佐竹明、同尾関修、同川瀬泰人の7人の経営陣で新たな歩みを進めはじめた。

5月12日に新しい事業方針が打ち出された。主な方針は、①未踏領域であった高沸点・高融点分野への進出、②医薬品製造で使用する溶剤市場への深耕、③環境規制強化に対応した市場拡大、④ハイグレード化のニーズに対応した事業の拡張であり、ハイグレード化は課題となっていた東南アジアを中心とする粗製品の輸入増に伴う対抗策であった。

チャンスを生む国際条約改正

先に記したように、泰人が最年少取締役として初めて経営陣に名を連ねたのは1991年7月の株主総会であった。社長川瀬泰淳は、取締役という役割が成長を促し自らが経営者としての感性を養うことを期待した。役職としては大垣営業部長、企画部長を兼務した。

泰人は社内改革、企業強靭化政策を次々と打ち出していく。その1つ、〝心を大切にし合う職場〟つくりをスローガンに、一般社員及び新入社員を対象にした新教育訓練制度をスタートさせた。東京日本橋の東京事務所に「エンジニアリング営業部門」を設置したのも、この時期であった。

4ヵ月後の11月、日本リファインに大きな追い風となる出来事が欧州で起こった。国際海事機関（本部ロンドン）は、1972年にロンドン条約「廃棄物その他の投棄による海洋汚染の防止に関する条約」を採択し、日本は1980年に批准した。そのロンドン条約が1993年11月、1975年の国際発効から18年ぶりに改正されることが決まった。

これによって海洋汚染が懸念される廃棄物の海洋投棄は１９９６年1月1日以降、「原則禁止」となった。海洋投棄が禁止されるのは写真現像廃液（年間約13万トン）、メッキ廃液（同約10万トン）、クロム鉱石廃土（同約10万トン）等、海洋汚染に影響する度合いが大きい廃棄物が中心で、年間の全海洋投棄量約４５０万トンの約20％が対象となる。そして約80％を除外物質とする措置がとられ、当面日本には大きな影響はないようであった。

しかし一方で、「年間約90万トンの陸上処理」を義務づけられたことで、今後環境に対する圧力はますます厳しくなり、下水汚泥、建設汚泥、食料品残滓など7項目についても、禁止の方向で検討が進められる見通しであった。

ロンドン条約改正が採択される前、その見直し論、観測記事が新聞紙上に散見させるようになり、中でも「廃棄物の海洋投棄の原則禁止」の情報がリサイクル業界に流れていた。

ブレイクスルー

川瀬泰人は山田研究室を卒業した以降も、分離技術会やグローバルテクノロジー委員会で顔を合わせた仲間、名工大出身で山田門下生の中央化工機の水谷栄一や日本車輌製造の犬塚正憲らと、当時溶剤リサイクルでの一大テーマとなっていた残渣処理について議論を交わしていた。特に、蒸留塔内に付着し固化する形で塔内を毀損する樹脂等の処理方法について、時間も忘れて互いに口角泡を飛ばしていた。

ロンドン条約改正が話題になる前、川瀬泰人は犬塚正憲と廃液の濃縮装置について話していた。

「廃液の濃縮装置でいいものがない。溶剤をとことん蒸発させて回収する技術はないものか」

と、なげく泰人に犬塚は

「今考えているものがある。その開発に乗らないか」

と持ちかけた。互いに技術が分かり、すでに打ち解けていた二人の話は進み、正式に日本リファインと日本車輌で共同開発することになった。

基本構成は「パドルドライヤー」と「薄膜蒸留装置」を組み合わせたものだ。両者の知見を持ち寄り、努力して完成にこぎつけた。しかし、販売の段階になると、それまでの良いペースは続かなかった。残渣に付着性がない廃液ではうまく濃縮できたが、ほとんどのケースにおいて残渣がパドルに絡みつき、操作不能となった。一般的に溶剤に溶解されて廃液になっているもののほとんどが樹脂成分を含み、濃縮する過程で伝熱面に張り付き固化したり、あるいは大きなダマになって装置を閉塞させたりした。

この問題を解消するためには、考え方を根本的に見直す必要があると感じた泰人は、犬塚を通じて日本車輌に提案した。

「まず現行のプロセスの改善をし、残渣が固化をする前に排出、つまり粘性が低い残渣の状態で装置外に排出することを考えてはどうか。それにはパドルドライヤーを斜めにすることがポイント」

しかし、日本車輌側はその提案に難色を示した。1台も販売実績もない装置を改良するということは、1円も生み出していないものに再投資するということになるという発想だった。それでも泰人は技術者として退かなかった。

「では、日本リファイン単独でやって良いですか？」

自分の改良案に絶対の自信があった泰人は、大胆な提案をした。

意外にも先方からの回答は「どうぞ」、そして泰人は改良案を実現することができた。パドルドライヤーを斜めにすることがブレイクスルーで、それまで処理できなかった多くの廃液の濃縮が可能になった。この装置の１号機が１９９６年１月に写真現像廃液協同組合に加盟する鹿児島の企業に納入された。これが斜型蒸発濃縮装置「ソルスター」だ。

ソルスターは納入前に、分離操作、蒸留、抽出、晶析、膜分離、吸着、吸収に関わる中心的な教授や関係者によって構成されている任意団体「分離技術懇話会」による分離技術賞を１９９５年度に授賞。すでに高い評価を得ていた。ＳＯＬＶＥＮＴ（溶剤）、ＳＯＬＩＤ（固体）と、花形のＳＴＡＲから、「液体と固体（残渣物）を分離する優れた装置」として命名された。

専務川瀬泰人はロンドン条約改正というニュースを聞いた時から、ビジネスチャンスを感じていた。それは、このソルスターが開発段階にあったからだ。

「陸上における工場排水処理法の1つ、独自の蒸留による有機物の分離・精製技術で貢献できる」

この考えに間違いなかった。

2. 環境企業へ

年頭所感で語る〝これから〟

強まる一方の環境規制は、日本リファインにとっては追い風になった。社長川瀬泰淳は、海洋投棄を禁止するロンドン条約が発効する１９９４年の年頭所感で、社員にこう語りかけた。

「リサイクル事業の範囲を、異業種企業とタイアップしてエネルギーリサイクルにまで広げるとともに、培ってきた高度な分離・精製技術を利用した総合的廃棄物処理の先駆者としての活躍を期待したい」

泰淳はリサイクル事業の多角化を打ち出し、日本リファインが存続するためには避けて通ることのできない業態変革の必要性を訴えた。自社工場で廃溶剤を処理し、再生品にリサイクルするオフサイト型ビジネスに加え、顧客の要望を取り入れた環境保全装置の企画・設計の提案から、溶剤処理システムの新開発、各種装置の据付け、試運転・メンテナンス等を請け負うことであった。つまり、客先工場内に独自開発の装置を設置し、製造工程から排出される廃液を分離、処理するオンサイト型の事業も提案できる企業への進化であった。

ただ、実際にはオンサイト型ビジネスの動きは、この年頭所感より以前に具体化していた。

装置事業の胎動

1991年の暮れ、商社を辞めて日本リファインに転職した三輪豊は、取締役企画部長の川瀬泰人とともに大手製薬会社C社の鹿島工場を訪れた。商社時代からの知り合いだった鹿島工場長と工務課長から、環境保全装置の導入を相談された。医薬品や中間体の製造工程で使用した溶剤の処理で、日本リファインが自社工場で受託する通常業務とは異なるものだった。

C社の製造及び環境負荷低減等の建屋建設、装置据え付けは総合エンジニアリング大手が一手に引き受け、他の業者が関わることは希であった。

茨城県は大気汚染、水質汚濁等の公害問題に総合的に対処するため鹿島地域公害防止計画を策定し、また臨海工業地帯の地元3町は立地企業と公害防止協定を結んでいた。当然、工場や事業所による工場排水は、国や都道府県が定めた排水基準に適合するように処理することが義務付けられていた。

鹿島臨海工業地帯は鉄鋼、火力発電、石油化学等の約160の企業が進出し、製品出荷額約2兆円と県下最大の産業集積地であり、同工業地帯には大規模な処理能力を持つ工場排水の共同集中処理場があった。そこで排水は処理され有機物の濃度を下げ、排水基準をクリアした上で、鹿島灘や利根川に放流されていた。

ただし、鹿島共同集中処理場には各工場の排水を受け入れる際のTOC（トータル・オーガニック・カーボン）基準、共同処理場規格値があった。

「TOC基準、規格値をクリアするにはどうすればよいか」――。

C社の幹部2人の話は、工場排水を蒸留塔で分離することで、その後の処理をしやすくするための排水装置に関する相談だった。

「新薬製造ラインで発生する排水を工場内に設置した装置で処理し、受入基準に合わせた後、共同集中処理場へ放水したいのですが、できますか」

昭和から平成の時代に移ると、河川や地下などの公共用水域への排出で、地域住民とのトラブルになりやすい工場排水問題は住民だけではなく大手企業も神経をとがらせていた。その対策として、排水に含まれる揮発性有機化合物（VOC）の濃度を低減するための装置を導入し、製造企業が自ら溶剤を処理する動きが活発化していた。

新たな設計思想

年が明けた1992年の春、C社から溶剤サンプルの提供を受け、鹿島工場の排水の原液中にはケトン類のアセトン、アルコール類のメタノール等の溶剤が20%、水が約80%含まれていることが明かされていた。技術課課長高橋幸良らはサンプルの成分情報に相違がないかの確認をすると共に、「提供された情報以外の成分の有無」も同時に確認し、あるとすれば「どんな成分で、それが排水処理にどう影響があるのかを特定する」ことが重要であった。

3週間ほどして、高橋は工場排水に関する組成内容の報告を泰人に行い、泰人は問題点をこう指摘した。

「従来の処理法では装置が大型化し、かつイニシャルコストの上昇は避けられない」

処理コストを下げるには、蒸留塔での新たな設計思想が求められた。日々、製造現場で蒸留塔を操っている坂本光良や杉山信幸らからの意見も受けて、排水の原液を蒸留塔で2種の液体に分離し、トップ（蒸留塔の塔頂）から焼却炉の助燃剤として利用できる溶剤類、ボトム(塔底)からそのまま活性処理ができる排水に分け、トータルの処理負荷を軽減できる設計を考え出した。つまり、アルコール水溶液を例にすると、蒸留塔の塔頂から水を含まないアルコールを分離・精製し、塔底からアルコールを含まない水を分離するというものであった。

1993年3月、排水処理装置が完成した。

「これが装置事業の第1号となった。顧客の問題を聞き、当社の持つ技術でそれを解決していく。それを実現したことが、この仕事のポイントだった」と泰人は評価する。

排水処理装置完成後も、泰人はアセトンやメタノールの溶剤を含有する排水から、樹脂や塩類を効果的に分離する研究をさらに進めた。同時に、メチレンクロライド、トリクロロエチレン、四塩化炭素等の有害物質の許容限度（総理府令）、環境基準値（告示）に対応するための試験を開始した。

この装置が後に、1995年5月の分離技術賞、1997年11月の名古屋市工業研究所長賞に輝く微量溶剤除去回収装置「ソルピコ」に結実していくことになる。

大いなる挑戦

1994年1月中旬、営業担当であった長谷川光彦に1本の電話があった。

「お世話になっております。長谷川さん、一つ相談にのってくれませんか」

大阪の化学専門商社からであった。古くからの取引先として担当していた長谷川は、確認のために同じ話を相手に投げた。

「液晶パネルの製造工程で使われる剥離液の処理に関する相談ですね」

一呼吸置いて、長谷川は尋ねた。

「ところで、どちらの会社ですか」

決断をためらうように、少しの間沈黙があった。

「某総合電機メーカーです」

それが日本リファインの歴史に確かな足跡を残すことになる大いなる挑戦のはじまりでもあった。

石川県能美郡川北に工場進出し、1991年11月から液晶パネルの生産を開始していた。しかし1年半ほど経って、稼働時から表面化した問題が製造部門を悩ませていた。液晶パネル生産に使用される剥離液の処理問題であった。

液晶テレビが登場しブラウン管テレビが衰退し始めた時期だった。テレビ及びパネルメーカーは次々と全国各地に液晶工場をつくりはじめ、パネル基板の大型化と共に、製造に欠かせない溶剤の剥離液の使用量は急増していた。

高価格の液晶パネル用剥離液

剥離液の処理問題は、すなわちコストの問題であった。当時、剥離液の新液の価格は1キロ当たり800円前後と高価で、しかも1日に5トン、10トンと大量の剥離液が使用後、廃棄されていた。液晶パネルは薄型・大型化と共に、パネルの低価格競争は激しさを増す一方だが、生産コストは高止まりしていた。

電機メーカーはグループの環境・空調等を扱うエンジニアリング子会社に問題解決を求めた。親会社の要請ではあるが特段の知見もなかったため、グループ各社と取引のあった先述の化学品専門商社に、コストダウンの提案を依頼した。そこで、白羽の矢を立てた相手が、古くから付き合いのある日本リファインであった。商社の担当者はエンジニアリング子会社より直接長谷川光彦に相談の電話がいく旨を伝えた。3日後、長谷川の事務机の電話が鳴った。

「エンジニアリング会社の者です。大阪の商社さんを通じてお聞きのことと思いますが、液晶パネル用剥離液についてお知恵をお借りしたい。液晶パネル製造に使う剥離液を回収し再利用したいのですが、それは可能ですか」

長谷川は緊張しながらも、はっきりと答えた。

「私どもの分離・精製技術、ノウハウがあれば、剥離液の再利用、資源化は可能です」

自社技術に絶対的自信があった。

以後、何回か電話でやり取りするうちに、エンジニアリング会社の担当者は思いがけない言葉を切り出した。

「お話を聞いていますと、高品質な剥離液に精製するには剥離液の成分は勿論、生産工程、生産管理等をオープンにする必要がありそうです。ところが、そこは企業秘密です。できれば第三者は遠慮いただき、御社と直接交渉したい」

古くからの付き合いである商社の了解を得るには、最終責任者の社長川瀬泰淳の力を借りる必要があった。数日後、泰淳は長谷川を伴い大阪に出向いた。創業時から付き合いのある商社の創業社長を尋ね、直接交渉する了解を得た。長谷川はその結果をエンジニアリング会社の担当者に報告した。すると
「企画、設計から装置等の開発、据え付けまで、一連の見積りをお願いしたい」

という正式な要請をもらった。

社長川瀬泰淳は、三輪豊に大垣営業の長谷川をフォローするよう命じた。1994年2月、長谷川と三輪は小松空港から30分ほどの加賀平野のほぼ中央に位置する石川工場に向かった。

「液晶パネルの生産過程で使う剥離液を再利用したいのです。是非、協力をお願いしたい」

2人と面会した事業所長は、明確に要望を伝えてきた。

出張の翌日、東京日本橋の東京事務所で、三輪は社長川瀬泰淳と専務川瀬泰人に大手総合電機メーカーの剥離液再利用計画について報告した。泰人も今回の引き合いが日本リファインにとっても重要な仕事になることを感じていた。

使用済み剥離液からレジストを除去する装置の開発に、前述の山田門下生の1人、日本車輌製造の犬塚正憲の力を借りることにした。

窓口となった三輪と長谷川はその後、輪之内工場の坂本光良や本社企画課課長の劉芳芝、そして日本車輌の犬塚を帯同して、何度も石川を訪れた。

「初めて扱う使用済みの剥離液をどう処理し、再利用できるようにするか」

回答期限が1週間後に迫った3月上旬、東京日本橋の東京事務所の会議室で、一堂に会した全体会議が開かれた。社長泰淳は参集したメンバーに話しかけた。

「日本を代表する企業から、長年にわたり日本リファインが磨いてきた分離・精製技術、リサイクルノウハウが評価されるか、液晶パネルという成長市場に足場を築き環境ソリューションという新しいビジネスモデルを確立し、持続的成長への道を歩むことができるのか、まさに岐路に立っていると思う。全身全霊をかけた諸君の頑張りに期待したい」

それぞれの立場から出された意見を精査し、さらに議論を深めた。最適なソリューションは何なのか。最終案がまとまったのは、深夜だった。

「これでいいでしょう」——

1994年3月中旬、専務川瀬泰人は石川工場に出向いた。同行した三輪豊が「剥離液再利用プロジェクト」とタイトルされたA4判、5頁からなる資料を、事業所長に手渡した。

問題となっているのは液晶パネル生産でのレジスト剥離工程。ここでは剥離液を大量に使用する。そしてこの工程から排出される剥離廃液には大きく分けて、不揮発成分（レジスト）・低沸成分（水分等）・高沸成分の3つが不純物として含まれる。

日本リファインが提案する剥離液再生装置の主な原理は以下の3点であった。

1．剥離回収液を流下薄膜濃縮器にて、レジストを分離。この時レジストは固着することなく流動性のある状態で分離濃縮できる

2．レジストを分離した剥離回収液は蒸留塔に移送し、ここで低沸の不純物を分離

3．剥離液精製塔では、剥離液成分を蒸発させることで、残りの高沸点物と分離。剥離液自体を蒸発させるので、重金属成分を剥離液成分から精密に分離除去できる

特徴は高品質、高回収（90％以上）で再利用ができること、全自動運転も可能な世界初の装置であった。

それから1週間後、エンジニアリング子会社の担当者から返答が三輪にあった。

「ユーザー様も高く評価しています。剥離液再利用システムの見積りをお願いしたい」

剥離液再生装置の導入によって、新液購入費、廃液処分費はいずれも10分の1に

コストダウンし、さらに環境面でも廃液、排水量ともに10分の1程度になり、コスト削減と環境改善の両立が可能となった。

ところが金額面でなかなか折り合えず、何回も交渉することになった。2週間後、三輪が石川を訪れ、見積書を渡すと、ジッと見入っていた担当者が笑顔を見せた。

「これでいいでしょう」

先方の意向を汲んで、採算ぎりぎりの見積りを社長泰淳は決断した。当然、将来を託した数字であった。

「これまでの交通費を上乗せしてもかまいませんよ」

上機嫌な担当者は冗舌だった。三輪は黙って頭を下げた。

1994年12月、第1号機が契約され、試運転を経て翌年4月、正式に工場に納入された。以後、2001年3月までに計6台の剥離液再生装置（SRS）が、納入されている。

さらに剥離液再生装置は内外の液晶パネル企業から高く評価され、日本リファインの存在は業界で一気に高まった。液晶パネルの生産大国台湾で、2001年から10年間で計40台近くを販売し、剥離液再生装置市場をほぼ独占する。SRSは、液晶パネル業界で「デファクトスタンダード」となった。

環境保全装置で受賞相次ぐ

1996年3月18日、日本リファインは再資源化事業が認められ、「通産省環境立地局長賞」を受賞、溶剤リサイクル業界初の快挙であった。この賞は通産省（現経済産業省）の外郭団体である財団法人クリーン・ジャパン・センターによって運営される再資源化開発事業等表彰制度により、「再資源化に貢献する事業を実施している企業や装置・システムを開発している企業」の中から、特に優秀と認められた企業に授けられるものである。同年6月に創立30周年を迎える同社にとって記念すべき出来事となった。

社長川瀬泰淳は受賞の喜びを次のように語り、社員にエールを送った。

「この受賞は全社員の努力の成果です。廃棄物の再資源化という社業を通じて、環境保全に貢献するという創立以来貫き通してきた私の信念と、30年間にわたって石油資源の延命に貢献してきた実績が公に認められたということです。

この受賞は、通過点の1つに過ぎません。さらに、これからも社業発展に努力していくことが、社会に貢献することであり、社員の幸せにつながることだと思います。この受賞の喜びを全社員で分かち合い、次は通産大臣賞の受賞を目指しましょう」

その後も、排水中の微量溶剤除去回収装置「ソルピコ」が1997年11月に名古屋市工業研究所長賞、1999年5月に分離技術賞を、2005年6月には剥離液再生装置「SRS」と2007年6月にVOC回収装置「エコトラップ」がそれぞれ分離技術賞を受賞した。

2000年1月、「千葉県ベンチャー企業経営者賞・特別賞」が泰淳に贈られた。この賞は千葉産業人クラブが主催し、千葉県と日刊工業新聞社の後援、千葉銀行協賛により設けられ、独創性や新規性、ベンチャースピリットに長けた経営者に贈られるものであった。

また2008年6月には、経済産業省中小企業庁の「元気なモノ作り中小企業300社」に選定されるなど、リサイクル業界を代表する企業、経営者として内外から高く評価されている。

東京丸の内に本社を移転

1997年11月4日、日本リファインは東京事務所を東京日本橋からビジネスの中心街、千代田区丸の内2丁目の岸本ビルに移転した。首都東京の表玄関、JR東京駅から徒歩3分、皇居のお堀沿いを走る内堀通りに面した一等地であった。

通称〝丸の内三菱村〟は、大財閥三菱グループをはじめ日本を代表するエクセレント企業が集積している。日本リファインがリサイクル業界のリーディングカンパニーであっても、日本の産業界全体での知名度はまだ低く、丸の内地区への進出は同業者からも驚きの声が上がったほどの出来事であった。

「推薦人が必要で、かつオーナー会社から何度も面接を受けた」――。

川瀬泰淳は当時を顧みる。東京丸の内進出は日本リファインにとって大きな資産をもたらした。

それまでの東京事務所を置いていた東京日本橋のオフィスは、事業拡大に手狭になっていた。このままでは業務にも支障が出ると考え、専務川瀬泰人は新しい本社を探し始めていた。

「当然、同じ日本橋周辺で考えていた」

という泰人に丸の内に良い物件があるという話がもたらされた。

「丸の内なんて、まさか」

と、そのブランドから想像される坪単価から遠慮気味に話を聞いていたという。しかし、よく話を聞き、計算してみると、丸の内と日本橋とでは、それほどまでの価格差がないことが分かった。それならばと東京事務所の丸の内移転に踏み切った。

泰人が丸の内移転を決断した理由は「丸の内ブランド」にある訳ではない。

「仕事をするのに最適な環境がある。また、東京駅に極めて近いことで、全国の顧客や取引先が立ち寄り易い。実際に多くの人が訪ねてくれている。これは情報収集の意味でも極めて重要なことであり、それによりもたらされるものは大きい」

と話す。

東京事務所が丸の内地区へ移転してから約3年後の2001年1月、岐阜の輪之内工場が持つ総務、人事、管理部など本社機能のほとんどを移管し、東京事務所は日本リファインの事実上の本社となった。

川瀬泰淳は述懐する。

「1966年の設立の頃には、日本を代表するビジネス街の超一等地である丸の内地区に事務所を構えることなど夢のまた夢で、思っても考えてもみなかった。これも社員1人ひとりの努力の賜物と、感謝するのみです」

3. 業界団体を旗揚げる

「業界団体をつくりたい」――。

日本リファイン専務川瀬泰人は社長川瀬泰淳の部屋を訪ね、こう切り出した。どんな事業分野にも、それなりに業界を代表する団体が存在する。それが弱小だとしても、確かな一つの力となる。

口火となったのは1991年7月、再生資源の利用推進を目的に公布されたリサイクル法に「家電」「建設」等の項目はあるものの、「溶剤」がなかったことだ。

泰人は悔しさよりも

「溶剤リサイクルの業界が取り残されるのではないかという危機感を感じた」

社長泰淳も
「当社は国益企業であるという自負を持っているが、一般的には未だに（リサイクル事業の）重要性が理解されず、受け入れられていない状態が続いている。業界の仲間も同じ気持ちではないだろうか」

ということを常々話していた。

「社員が誇りを持ち、更にリサイクルの重要性を社会に認知させたい」

使命感とともに危機感を内包する泰人は、業界団体の設立を模索する中で、財団法人クリーン・ジャパン・センター（ＣＪＣ）を知った。

ＣＪＣは通産省、経団連、日本商工会議所を初めとして、官民一体の支援の元に１９７５年、リサイクル推進のナショナルセンターとして設立された公益法人（２００２年４月、社団法人産業環境管理協会が事業を継承）であった。

当時、ＣＪＣは廃棄物のリデュース、リユース、リサイクルに基づき、廃棄物、資源問題の解決、持続可能な省資源型社会の形成を推進するため先導的な事業に取り組んでいた。

同法人のパンフレットを持ち、恩師の名古屋工業大学教授の山田幾穂を訪ねた泰人は、業界団体を作りたいという考えを話した。パンフレットを見た山田は意外なことを言った。

「この理事長を知っているかもしれない」

泰人が驚くほどの偶然だった。ＣＪＣ理事長広瀬武夫は山田の同級生だった。

山田の紹介を得て、広瀬を訪ねた泰人は廃溶剤処理業界の現状やリサイクルの社会的な意義、業界団体の必要性を話すと、広瀬は考えに賛同をしてくれた。広瀬のアドバイスを受けながらＣＪＣの協力を得て、まず溶剤リサイクル研究会を立ち上げた。これをベースに業界団体設立を実現させていく。

日本溶剤リサイクル工業会の設立

東京港区の虎ノ門パストラルで１９９４年９月５日、溶剤処理関係企業19社が出席して工業会設立準備会が開催された。日本リファイン専務川瀬泰人をリーダーに、省エネルギー・省資源に向けて調査・研究を続けてきた溶剤リサイクル研究会を母体とした、「日本溶剤リサイクル工業会」の設立が、ＣＪＣが議事進行する準備会で正式に決議された。
9月30日、日本溶剤リサイクル工業会は正式に設立され、会長に川瀬泰淳、副会長は百目鬼健（太平化成社長）、理事に杉浦榮（豊田化学工業常務）、中根充（豊田ケミカルエンジニアリング常務）、和田耕輔（東京純薬工業社長）の3氏、事務局長には川瀬泰人が選任され、恩師山田幾穂は顧問に就任した。設立パーティで挨拶に立った新会長の泰淳はこう述べた。

「人類が持続可能な社会を構築するため資源循環と環境保全を業として社会に貢献する。これが組織員のミッションです。資源の少ない日本で、いかにして効果的に再資源化を図り環境保全を追究していくか。これは組織の変わらないテーマです」

設立パーティに先立ち開催された第1回理事会で、活動方針や会員募集等の決議事項が審議され、主な事業活動として次の4点が採択された。

①溶剤リサイクルに関する調査・研究・啓蒙の実施
②溶剤リサイクルに関する関係機関などへの提言
③講演会、工場見学会など会員の情報交換、収集の場の提供
④会員募集、工業会のパンフレット作成等、目的達成のために必要な事業

この席で議長を務めた泰淳は、役員を前にこう締めくくった。

「企業としての利潤追求はしなければなりませんが、同時に大枠で地球規模の環境改善を図ることも、日本溶剤リサイクル工業会の責務です。業界を束ねて発言力を高め、かけがえのない地球を守るために一致団結し貢献していきたい」――。

新会長に泰人昇格

２０１４年5月26日、東京大手町の経団連会館で設立20周年記念式典が開催された。現在、日本溶剤リサイクル工業会は正会員22社、賛助会員15社の計37社で、設立時から15社が増えていた。

20周年記念事業として、日本溶剤リサイクル工業会の設立当初から重責を担った会長川瀬泰淳（日本リファイン名誉会長）、副会長百目鬼健（太平化成社長）、理事杉浦榮（豊田化学工業会長）の３氏に功労賞が授与された。豊田化学は泰淳が社会人の第1歩を踏み出す塗装機会社を辞め、退路を断って経営に参加した企業であった。また会員から募集した記念事業のロゴマークは佐藤化学工業の川名宏英に最優秀賞、日本リファインの丹治正子に優秀賞、同成瀬和己が特別賞に選ばれた。また、安倍晋三総理大臣の昭恵夫人を講師に招いた特別講演会は注目された。

20周年から1年後の2015年5月の日本溶剤リサイクル工業会の定時総会で、会長泰淳が名誉会長となり、2代目会長に事務局長の川瀬泰人が昇格する人事を承認した。事務局長として日本溶剤リサイクル工業会を牽引してきた泰人は、業界の現状と課題を次のように語った。

「工業会の認知度は上がってきましたが、塗料や接着剤など、まだ焼却や大気放散の従来手法で処理している分野も多いし、リサイクル品は使わないという企業もある。日本溶剤リサイクル工業会の活動を通じ、そうした意識を変えてもらえるように働きかけていきたい」

新会長に就任した泰人は独自色を打ち出し、海外進出を日本溶剤リサイクル工業会の新たなテーマとした。泰人が主導した日本リファインの中国・台湾事業の成功体験が背景にあるが、環境問題は「国際社会が一致団結して解決しなければならない世界的な課題」と認識していたからであった。

2014年にIPCC（気候変動に関する政府間パネル）が発表した「第5次評

価報告書」に、世界への警告ともいえる衝撃的な事実が綴られていた。

温暖化防止に海外へ

国際的な専門家でつくる政府間機構であるIPCC報告書は、地球環境悪化の元凶とされる温暖化は「人為起源」であると明確に示した上で、気温上昇を2℃未満に抑制するためには、産業革命以降のCO_2累積排出量を790ギガトンC（炭素換算）以内に抑える必要があると警告している。

環境はもはや、避けて通れない待ったなしの問題である。日本のCO_2排出状況を分析すると、「家計関連」が21％、「企業・公共部門」は79％を占める。家計関連の家電製品や自動車を、企業が提供している点を考えれば、企業は国の排出量にほとんど関与していることになる。温暖化に歯止めをかけ、低炭素社会・循環型社会の実現は企業の姿勢、行動にかかっている。

企業、あるいは業界・団体が実行すべき取り組みは、省エネルギー・省資源活動の徹底であり、それらの製品やサービスの提供である。さらに、企業の壁、業界の垣根を取り払い、国境を越えた連携による環境負荷低減に貢献するシステムの構築である。

「業界や団体は何ができるのか」——。

新会長が出した答えの1つが、環境対策が遅れているインド、中国などの新興国をはじめとした海外であった。

「常々、世界のトップレベルにある日本の溶剤リサイクルシステムを海外で展開するべきと考えています。日本で確立したビジネスモデルや優位にあるリサイクル技術は海外でも適用できるはず。CO_2排出量削減が期待でき、そうした取り組みが世界で浸透すれば、地球環境保全、温暖化防止に貢献できます」

そのための第1歩として、泰人は海外のリサイクル事情、市場参入の仕方、許認可権の取り方など、日本溶剤リサイクル工業会は情報の提供、共有化を進め、会員企業の海外進出を支援していく方針を打ち出した。

第5章　国際化への道

1. 海外戦略の橋頭堡・台湾

1993年に専務に就任した泰人には、「次のステップ」への思いが募っていた。「早く中国に進出し、事業展開をしたい」

国内で培ってきた技術力や製品を持って海外展開し、日本リファインを飛躍させるステップを踏みたかった。こうした考えは常日頃から泰淳にも伝えており、経営の方向性は一致していた。

しかし、中国はまだ企業進出に関する規制も多く、準備期間が必要だった。そうした中で泰人が注目していたのが、急速に産業が発展していた台湾とタイだ。1998年には毎月のように台湾かタイを訪れ、工業団地や企業をまわり独自に調査を行っていた。

タイ進出では合弁会社を設立して新工場を建設する計画を立てたが、具体的にスタートする寸前に最大の顧客になるはずだった企業がタイ事業を再編したことで、計画は保留する形になった。台湾については、大手商社と共同で進出するという構想も浮上。具体的な検討も行ったが、商社側の事情で実現しなかった。

台湾は新竹市、台南市にハイテク産業専用の科学園区を造成し、開業手続きの簡素化、税制の優遇等によりハイテク産業の育成と外資企業の誘致に注力していた。科学園区は日系企業も含め、主に半導体や液晶表示装置（ＬＣＤ）等の電子・電機の部品・材料メーカーが大規模工場を構えていた。ハイテク企業の生産設備の増強競争は激しく、それに伴う剥離液のリサイクル市場は拡大が見込まれていた。

日本リファインは、この市場性豊かな台湾への進出を実現させるべく現地企業との提携に動いていく。

溶剤処理最大手と業務提携

１９９９年11月４日、社長川瀬泰淳は、技術開発課課長劉芳芝（現青島芳芝）と共に、台北から車で30分ほどの自然豊かな渓谷に建つリサイクル工場を訪れた。廃溶剤の処理、再資源化に関する業務提携について話し合うためだった。台湾における廃溶剤のリサイクルはシンナー回収が中心で、最大手のリサイクル業者は蒸留によるシンナーの製造と、焼却による無害化処理がメイン事業であった。

当時、台湾当局は米国のシリコンバレーを参考に各地に工業団地を整備し、ハイテク企業の誘致、育成を通じて国づくりを推進しようとしていた。ちなみに、新竹科学園区は2003年に営業総額500億ドル、従業員8万人を有するアジア・太平洋ハイテク産業の中心になることを目指していた。国の施策に呼応する形で、リサイクル業者は多種多彩な溶剤に対応できる高度な分離・精製技術の導入、また再生品の高付加価値・高品質化を図ることができる提携先を模索していた。

協議は4時間後、落としどころを見出し、会議室に拍手が沸き起こった。ほぼ4ヵ月に及ぶ交渉がようやく成立した。

リサイクル工場は渓谷の自然を活かし、高低差が10メートル以上もあった。正門や事務棟は谷の上部に建てられ、底に向かって谷の壁には30段から50段ほどの連続蒸留塔が4塔設置されていた。その偉容が台湾最大手のリサイクル業者であることを雄弁に物語っていた。

「日本語はあまりしゃべれませんので、上手く表現できませんが、感謝の気持ちでいっぱいです」

提携先トップの感謝の言葉に、川瀬泰淳はこう返礼した。

「世界的規模でリサイクルへの取り組みが促進されている中、溶剤のリサイクルを主業務とする両社が国境を越えて協力関係を締結することは、21世紀に向けて重要な意義を持つものと思います」

新たに建設する工場に、日本リファインは循環型溶剤リサイクルの基幹技術である高度な分離・精製技術を提供し、さらに蒸留塔の設計、試運転等の技術指導、及びオペレーター育成でも協力することも合意した。

廃溶剤処理、再生に関する提携合意は、台湾の経済各紙に掲載され、大きな反響を呼んだ。それほど、台湾にとっても環境は改善すべき社会的問題、企業の責任と認識されていた。

不法投棄発覚で一転

2000年の春になり、新工場建設計画は順調に進んでいた。ところが6月に起こった想定外の事態で状況は一変する。提携先による廃溶剤の不法投棄が発覚した。

地元警察によると、リサイクル業者は高雄市近郊の製造工場から使用済み溶剤の処理を請け負っていた。しかし、〝高雄市の水瓶〟といわれる拷潭・坪頂浄水場近く、高屏溪の支流、旗山溪に、有害物質を含むとみられる廃棄物2万5000リットルを投棄したという。

この事件は「高屏溪汚染事件」といわれ、新聞もセンセーショナルに書き立てた。投棄現場の高雄市だけでなく新事業を計画するリサイクル業者の工場周辺の地域住民の態度も一変した。新規のリサイクル事業に前向きであった台湾当局は、反対を声高にしだした住民感情に考慮し、リサイクル業者との業務提携の即時中止を日本リファインに迫った。同時に、提携企業の経営幹部全員が逮捕され、事実上、廃業に追い込まれた。

戦略転換

提携先の興した事件は、工場建設を核として、台湾進出という社長川瀬泰淳の戦略を根底から覆した。ただ、日本リファインの経営陣は事態の変化に驚きはしたが、冷静に状況分析をしていた。専務川瀬泰人は台湾に足繁く通い、その市場性を把握していたうえ、台湾国内の新しい事業展開も認識していたことで次の一手が見えていた。

「現地工場を建設してオフサイトビジネスを展開する時期は遅れるかもしれないが、オンサイトビジネスでは進出できる」

泰人の脳裏には、国内で評価を得ていた剥離液再生装置（ＳＲＳ）があった。１９９４年に１号機を国内の大手液晶表示装置（ＬＣＤ）メーカーに納入して以降、そのコストダウン効果や性能の確かさはＬＣＤ業界で知られていた。台湾ではＬＣＤ生産が成長期に入っており、大規模なＬＣＤ工場が数多く建設されていた。

「ＳＲＳによるオンサイトビジネスならば台湾進出は可能だ。それを橋頭堡にして、次の段階で自社工場による溶剤を処理するオフサイトビジネスを展開すればいい」

泰人は新たな台湾での成長戦略を描いていた。実際に台湾企業へのSRS提案は先述のリサイクル会社との提携交渉の少し前に始まっていた。

大手液晶パネルメーカーと商談成立

設備営業三輪豊はSRSを台湾の新竹科学園区に最新鋭の大規模LCD工場建設を計画する大手液晶パネルメーカーA社に提案した。この時、別企業からも同様の処理装置の売り込みがあった。蒸発装置技術で名高い企業のものだった。技術担当の劉芳芝は

「分離・精製技術、品質管理ノウハウ等、先方に劣っている分野は見当たらない」

と自信を持っていたが、最終的に価格で折り合わなかった。ただ、この自信は間違っていなかったことが後に証明される。

2000年、A社から、コンサルタント業者を通じ三輪豊に相談が寄せられた。

導入したライバルメーカーの装置を試運転すると、剥離液成分の分離精度が不十分なうえ、精製に時間やコストがかかるなど、システムに不具合があることが判明し、先方は不満を募らせていたという。

技術、品質、運転コスト等について、現場クラスによる交渉は順調に進んだが、トータルのシステム価格を巡り難航する。１システムあたりの装置価格は数億円にのぼる。交渉が行き詰まり、打開策が見えないまま数日経ったとき、三輪の元に電話が入った。

「私どものしかるべき責任者が東京に行きます」

これまで、お客様であるA社の本拠地、新竹市で交渉してきた。当然といえば当然で、両社の真摯な態度に信頼関係が芽生えていた。２０００年夏、台湾から副総経理が東京丸の内の東京事務所を訪れた。

しかし、価格を巡り再び交渉が難航した。

「劉の見立ては間違っていません。価格については譲歩する必要はないと思います」

三輪の意見に、泰人は力強くうなずいた。

東京事務所に顔をみせた川瀬泰淳は、外が薄暗くなる夕暮れ、心配して泰人を呼んだ。

「この案件が台湾市場での実績づくりになり、また使用済み溶剤のリサイクルが台湾での環境保全に貢献するものなら、それを第一に考えよう」

それから10数分後、両社は合意した。泰淳や泰人らは、来日したA社の副総経理を囲み固い握手を交わした。

交渉合意から4ヵ月後の2000年12月、A社との間で他工場設備の改造と新生産ライン増設でのSRS導入に関する約7億円の商談が正式に成立した。

しかし、泰人の台湾攻略のシナリオはこれだけではなかった。台湾国内でもう1つの巨大LCDメーカーB社との交渉も進めていた。

「日本リファインのリサイクル設備を導入せずに、(液晶パネル製造の)合理化は考えられない」

B社の総経理の言葉だ。2001年3月8日、台湾の台南科学工業園区で総経理、契約折衝担当課長、日本の商社幹部らの出席のもと、SRS納入に関する契約調印式が行われた。

Ｂ社は２０００年２月から液晶パネル生産を開始し、11月には後発にもかかわらず生産量は台湾トップとなった実力のある企業であった。ＳＲＳ設備は７月１日までに完成し、性能テストは８月までに完了する予定であった。また、本件とは別に、その親会社もフォトレジスト用シンナーのリサイクル事業を展開する予定で、このリサイクル装置の設計も依頼された。台湾のＬＣＤ業界における２大勢力にＳＲＳを納入したことで、台湾における日本リファインの評価は確立した。

台湾に現地法人設立

大手液晶パネルメーカーとの商談と並行して、日本リファインは台湾の現地法人設立に動いていた。２０００年春に「台湾法人設立グループ」を設置し、事業化調査などをした後、２０００年12月に営業・技術サービスの拠点となる日本リファイン１００％出資の現地法人「台湾瑞環股份有限公司」が設立登記された。その３ヵ月後の２００１年３月21日、本社がある台北から西南60キロメートルに位置する新竹市に、営業と技術サービスの拠点となる新竹技術センターがオープンした。これによりSRSのオンサイト事業を推進していく体制が整った。

液晶パネル大手など、台湾を代表する企業の幹部が出席した新竹技術センター開所式は、生憎の小雨模様にもかかわらず、多数の招待客がお祝いにかけつけた。

終戦で日本に帰国した後も、台湾が心から離れなかった父顧一の高雄時代の写真を内ポケットにしのばせ、挨拶に立った日本リファイン社長川瀬泰淳はどんよりした空とは違い、晴れ晴れとしていた。

台湾のキーパーソン

台湾瑞環の初代総経理に就いたのが川瀬泰之だ。

「第2の人生を、台湾に賭けるのも悪くない」

台湾法人設立グループ発足を知った泰之は自ら千葉工場の社長室に出向き、メンバーの一員として台湾行きを直訴した経緯があった。

川瀬泰之は1965年2月1日、川瀬家の二男として愛知県豊田市に生まれ、1年ほどして父泰淳の独立と共に大垣市に移り住んだ。兄泰人は7つ上と年がはなれ、遊びもケンカも相手にされず、幼少時代は「それが、少し寂しかった」と、苦笑する。

１９８８年４月、大垣蒸溜工業（日本リファインの前身）に入社、営業、企画、人事部で経験を積んだ。泰之は台湾法人設立グループのヘッドとして、後に台湾法人の本社所在地となる台北市敦化北路の賃貸アパートに１室を借り、産業廃棄物に関する法・制度の情報収集、産業動向及び溶剤リサイクル市場の分析を進めてきた。初代総経理に抜擢され、日本リファインの海外事業の幕開けを任された。

もう１人、台湾事業の展開で重要な役割を担ってきたのが副総経理についた劉芳芝（現青島芳芝）だ。劉は１９８９年９月、中国青島化工学院大学から名古屋工業大学の招聘研究者として来日し、泰人の恩師山田幾穂の門下生として数年間、相平衡と蒸留計算を研究する。以来、泰人と親交を重ね、劉が工学博士号を取得した１９９４年12月、泰人は日本リファインに迎え入れた。泰之とともに台湾事業を育てていくには欠かせない人物になっていた。

台南地区に念願の新リサイクル工場

提携企業が不法投棄事件を起こし頓挫した台湾工場の建設が実現したのは2011年だった。LCDメーカーの工場内にSRSを設置し、運用するオンサイト展開を先行させる戦略転換を泰淳と泰人が決めてからおよそ10年が経過していた。台湾瑞環では泰之がオンサイト展開を真摯に遂行してきた。結果として、SRSは台湾のLCD業界を席巻、95%のシェアを確保するまでになっていた。こうして築いた事業基盤やネットワークを生かし、念願ともいえる廃溶剤リサイクル工場建設を決めた。

2011年6月、液晶パネルの最大手メーカーが生産拠点を構える台南市の柳営環保科技園区に、念願の廃溶剤リサイクル工場が完成した。試運転許可を取得し、基礎化学材料製造業として操業を開始した。6月22日には台南市政府の来賓をはじめ、43社110名を迎えて開業式が行われた。操業と同時に申請した廃棄物処理業ライセンスは、台湾では取得が容易ではなく、それから4年後の2015年8月25

日にようやく許可証を得ることができた。台湾瑞環工場プロジェクト課長の青山延国は新工場のポイントをこう話す。

「千葉、大垣、輪之内の3工場と中国の蘇州工場を参考にしました。狭い敷地の中で動線や作業性、拡張性等を考慮したベストなレイアウトと、貯蔵タンクの設計、最低限の建設コストが台南工場の特徴です。日本リファイングループの中で、最も暑くて熱い工場といっても過言ではありません」

台南工場は北回帰線より南に位置する。青山が強調するように、台南地区の太陽は日本より一回り大きくみえるという。暑いのは気候、気温だけでなく、そこに働く人々の心も熱く、台南工場は熱気に満ちている。

台南工場は2015年6月期、稼働開始から4年目に黒字転換を果たした。

2. 中国に聳える蒸留塔

本命に動き出す

専務川瀬泰人は台湾事業に情熱を注ぐ中でも、やはり「本命は中国」との考えは持ち続けていた。本格的な経済成長を始めた中国において、日本リファインの持つ廃溶剤リサイクルなどの幅広い技術は必要とされるはずで、またそれは中国の健全な発展にも貢献するという強い思いがあった。

泰人独自に中国市場の調査や検討はできる範囲で続けていたが、本格的に現地調査に動き出したのは1人の男に会ってからだ。

泰人がその男の存在を知ったのは台湾に現地法人が設立された2000年の暮

れ、群馬大学工学部の加藤邦夫教授からの電話だった。

「すごい人物がいるぞ。中国人で、まだ日本語はおぼつかないが、どうだ」

加藤は泰人の恩師、名古屋工業大学の山田幾穂教授の後輩で、時々、会食しては人材の発掘、紹介を頼んでいた。加藤の話に泰人は強く興味を持った。

加藤教授が推薦する人物は、群馬大学に留学中の李基良（現 中里基良）で、2年で化学工学の博士号を取得していた。泰人は李と話し、その人柄も評価した。そして、李は日本リファインに入社。配属先は希望通り研究開発部だった。

二人三脚の中国行脚

李基良は研究開発部門の配属だったが泰人は社長川瀬泰淳の了解を得て、2001年1月から李を連れだって中国の市場調査に乗り出した。日本リファインを見渡す限り中国通であり文化や商習慣に通じ、ビジネスを立ち上げることができる人材は、李以外にいなかった。事業許認可権を握る中国の地方政府要人や共産党幹部、研究機関トップを対象に、2人の中国行脚は始まった。

毎月1回、日曜日に出発して土曜日に帰国する1週間の日程での出張だったが、中国で生まれ育ち幅広い人脈を持つ李はその能力を存分に発揮した。

行脚の第1対象は省都南京市にある「江蘇省環保庁」であった。廃溶剤等のリサイクル事業は中国で特殊事業といわれ、事業を開始するには日本の県に相当し、最高ランクの位置づけとなる各省発行の事業ライセンスが必要だった。文化・風習や法・制度、商習慣の違いは現実としてあり、しかも、経済発展に伴い中国の法律・法規は猫の目のようにクルクル変わり、絶えず目配りする必要があった。

そうした中で、実態を理解し実情に適応する能力を有し、かつ共産党や地方政府と交渉する器量、チャレンジ精神旺盛な人材が求められていた。まさに、李はうってつけの人材であった。

出会いを繋げて

李基良を通じて、一つの貴重な出会いがあった。遼寧省の瀋陽化工研究院のトップ、李彬院長であった。李彬は李基良が日本に留学する前の上司だった人物だ。

元部下の李基良が間に入ったことで、李彬院長と泰人は初対面にもかかわらず和やかな雰囲気で話し合いがなされた。実直な泰人に好感を持ったらしく、李彬院長は中国事業のキーマンについてアドバイスするなど、惜しげもなく重要人物や役所と交渉するノウハウを教えた。

そこから蘇州市工業園区、勝浦鎮の多くの方々と面識を持つことができた。工場建設の申請ではワンストップでの許認可手続きが行えるなど、スムーズな手続きを行えた。たくさんの人々が支援してくれたという。そうした経験は泰人が中国事業を進めるうえでの重要な判断材料を与えた。「中国事業は難しい」「中国は特別な商習慣だから」と日本国内で喧伝されるイメージとはまったく違った。泰人は常に「真摯に向き合う」ことを重視して、これらの人と接した。そして、そのコミュニケーションの中には、宴席も多くあった。アルコール度数の高い酒を酌み交わし、杯を上げ、熱く語り合う。そうしたつきあいを重ねた。

「何度も何度もつぶされた」

と泰人は苦笑いするが、これで互いの信頼を築いたのは間違いない。こうして知り合ってきた人たちは、泰人が中国を訪問すれば、必ず酒を酌み交わす良き「仲間」

になっている。

市場調査チーム

泰人は李とともに中国を奔走。人脈の構築も進んだことを受け、「好機到来」と2002年春に「市場調査チーム」を結成する。執行役員坂本光良や営業部長堀博らがメンバーだった。日本リファインの中国進出をより具体化するための正式な社内組織だ。中国広東省の深圳を初めとする経済特区や中国各地の工業団地を巡り、進出する日系企業の業種業態や環境対応、中国の環境事情や地方政府の対応等、より詳細な実態調査、データ収集に汗を流した。そのデータは膨大な量にのぼり、内容は説得力のあるものであった。

調査チームが調べていくと2002年当時、深刻な中国の環境事情が浮き彫りになった。日本の大気汚染防止法のような法律が未整備の上、環境技術もノウハウもなく大量の有機溶剤が放出されていた。フィジビリティ・スタディ（FS：企業化調査）も難航を極めた。産業廃棄物の埋め立てや焼却する再生業者は存在するものの、再資源化する業者は少なく、安価なシンナーや薬剤の増量剤として再利用するだけで、使用済み溶剤を分離・精製して循環させる企業は無かったし、参考にする企業もなく、すべてが手探りの状態であった。

ただ、数多く中国に出向き市場調査を行い、人と会い情報を収集する中で、川瀬泰人の頭の中に工場進出候補地が浮かんでいた。蘇州エリアだ。〝運河の街〟蘇州は歴史と現代が共存し、北は天津、北京から南は広州、深圳を中心とする中国沿海経済ベルトと、上海や江蘇省を代表する揚子江経済デルタが交差する要の地点に位置していた。

その中の1つ、中国とシンガポール政府の合作プロジェクトである蘇州工業園区は優遇税制の導入や、外資プロジェクトに対する金額無制限の認可権限付与、独立した税関と輸出入通関機能を揃えていた。

総面積は２５５平方キロメートルで、茨城鹿島コンビナートの8倍、台湾・新竹科学工業園区の約40倍にも及ぶ。中国最大の経済都市上海まで80キロメートルと近い上に、外資系企業に視線を向けた運用・管理手法を採用する同工業園区には、すでに日系企業８００社以上の進出が予定されていた。その内、４００社以上が電子関連で、中国に進出している日系企業の約半数のファインケミカルメーカーが江蘇省に集まっていた。しかも、2年後にはほとんどの進出企業が工場建設を終える計画という。現地に工場を建設し、排出される「廃溶剤の処理、及び再生・資源化」の事業化は極めて魅力的であり、そして成功の可能性は高いと見ていた。

悪戦苦闘の末、調査開始から6ヵ月後、泰人や坂本光良らのメンバーは収集した情報を「中国進出に関する実態調査と問題点」としてまとめ、社長川瀬泰淳に提出した。

2002年秋、東京丸の内の東京本社で、日本リファインが国際化の道を本格的に歩むことになる重要な会議が開かれた。社長川瀬泰淳、専務川瀬泰人、常務尾関修、同青山成之、取締役佐竹明、同八代英造ら、6人の役員が顔をそろえた取締役会であった。そこで、市場調査チームが半年かけて作成した報告書「中国進出に関する実態調査と問題点」が配布された。

川瀬泰人はこの資料を片手に中国の工業団地事情から説明を始めた。説明を終えると、泰人は付け加えた。

「地球全体を考えてもこれほど有望な市場はありません。そして、当社が進出することは中国のためにもなります」

台湾進出を手がけるまえから思い描いてきた中国進出。李基良との中国行脚、そして市場調査チームの努力を通じて、中国への進出は日本リファインのためにも、そして中国のためにもなると確信できていた。

ただ、中国進出に関して役員全員が前向きではなかった。一党体制、企業文化・商習慣の違い、リサイクル市場の未整備等々、報告書は様々な問題を明らかにしていた。そうした事業リスクに慎重な姿勢をとることも泰人は理解できた。それでも、日本リファインの未来を考えれば中国進出しない手はない。泰人は強く主張した。

「国や省レベルでも、日本の環境技術に対する評価は高い。近年富みに社会的関心が高まっている環境負荷低減、廃棄物の再資源化、特に溶剤リサイクルに関する熱意は大変強いものがあり、当社が進出するとしたら今が絶好のチャンスです」

そして蘇州エリアについて

「国や行政当局だけでなく、蘇州市民は環境に対する意識、意欲は高く、他に類をみないほど素晴らしいところです。人柄も良く、道路、電気、通信等のインフラが整備され、交通の要衝でもあるここ以外に考えられません」

議長川瀬泰淳は役員一同の顔を見回し後、社長として一言発した。

「これはやるべきだろう」

取締役会は2時間ほど経過していた。

「異議ありません」

蘇州工業園区への進出が決議された。

中国行脚の副産物

取締役会の決議から10数日後、川瀬泰人は李基良を伴い蘇州工業園区管理委員会を訪れ、蘇州工業園区の一角に位置する勝浦鎮銀勝路の敷地3万平方メートルの工場用地取得を申し出た。2人はすでに、相手の担当者とは顔なじみであった。しかし、取得予定地の南側に川を作る計画が出来、南北200mのその土地に対しても、川から150m以内の土地に使用する使用済溶剤を保管することができないという法令により、大きな制約が生まれてしまった。必要な面積がとれなくなってしまうことになり、取得する土地面積を広げざるをえなくなった。結果、当初予定の2倍となる6万平方メートル強を取得した。日本リファインの主力工場である輪之内、千葉工場を優に上回る規模であった。

２００２年の晩秋、最終的に土地を管理する蘇州工業園区と用地問題で合意した。借り上げ期間は50年。1平方メートル当たり11ドルと、２０１６年現在の約10分の1の賃料での長期借地契約であった。

こうして順調に準備が進む中、泰人にとっては大きな問題が起こる。用地取得が決着してからほどなくすると、人事部から李基良にある指示が出された。

「技術開発本部に常駐し、研究、装置開発に専念するように」

人事発令に泰人は反発した。

「中国事業の成否は、チャレンジ精神旺盛で人脈の豊富な李の双肩にかかっています。彼以外にいません」

しかし、泰淳ははねつけた。今後、高い成長が見込めるリチウムイオン電池の製造工程で使う揮発性有機ガス（ＶＯＣ）回収・濃縮装置に期待をかけていたからだ。

しかし、この装置こそ、泰人と李が市場調査で中国内を回っている中で、生み出されたものだった。

中国のいくつものリチウムイオン電池の工場を視察していた泰人は、その工場の排気口周辺の樹木が枯れているのを見て「これではいけない」と思い続けていた。別のリチウムイオン電池工場では、従業員が喉の痛みを訴えていると聞いていた。リチウムイオン電池工場の排気に問題があると見ていた泰人だが、別の工場で排気ダクトを水の張ったドラム缶の中に入れてみたところ、従業員の喉の痛みがなくなったと聞いた。そこで泰人は、

「そうか水か。水でいいのか」

と声をあげた。頭の中にある装置の発想が生まれていた。タクシーの中で李にこの構想を話した。

「これから話す装置の仕組みが実現可能かどうか計算してほしい」

と頼み、頭に浮かんだアイディアを李に伝えた。李は化学工学の博士号を取得しており、そうした計算は得意だった。即答で李は答えた。

「できますね」

そして30分程度の2人の議論で装置の全体像が出来上がった。

２００３年11月に「エコトラップ」の商品名で製品化されるＶＯＣからＮＭＰ（Ｎ

―メチルピロリドン）を回収・濃縮する装置が生まれた瞬間だ。外部からエネルギーを投入せず、排気の熱を使いＶＯＣを回収した水を濃縮する発想は高く評価され、後に分離技術懇話会の「分離技術賞」を受賞し、現在は業界のデファクトスタンダードとなっている。この装置の開発を加速し、より完成度を高めるため泰淳は李を技術開発本部に専念させることを決めたのだった。泰人は渋々ながら受け入れ、李は市場調査チームを離れた。

蘇州瑞環プロジェクトがスタート

２００３年1月17日、日本リファイン１００％出資の中国法人、「蘇州瑞環化工有限公司」（董事長川瀬泰淳氏、資本金60万米ドル）が蘇州工業園区に設立され、現地で廃液から溶剤を再生産する溶剤リサイクル事業の本格的なグローバル化が始まった。

それから3ヵ月後の4月1日、東京丸の内の日本リファイン本社に泰人を最終責任者とする「蘇州瑞環プロジェクト」が発足した。現地法人の総経理を兼務する執行役員生産部門担当坂本光良をリーダーに、営業部長堀博、品質管理部長高橋幸良、東京経理課課長長谷川光彦、プロセス開発課長小田昭昌、総務部山林悟志らの幹部、精鋭が名を連ね、全社横断的組織にすることで中国進出に賭ける日本リファインの不退転の決意を示した。

蘇州瑞環プロジェクトは第1回の会議で、リサイクル事業開始までのロードマップを決めた。まず、蘇州工業園区近隣の池が広がる公園内に建つ2階建てビルの1室を「事務所兼研究センター」として蘇州政府から借り、分析装置、実験装置をそろえ、お客様とのサンプルワーク、廃液の成分分析体制を構築後に、本格的な営業活動に入ることとした。新工場建設は環境保護局の環境アセスメントが終わった段階でスタートし、2003年末の工場完成、稼働を予定していた。

すでに、工場の規模、生産設備等については、用地買収のメドがついた2002年秋の段階で、泰人を中心に青写真つくりがスタートしていた。計画によると、主に事務棟、蒸留設備、タンクヤードからなるが、リサイクル事業の決め手となる蒸留塔について、生産部門担当の坂本は生産能力が毎月500トンの連続蒸留装置1系列、毎月100トンのバッチ式蒸留装置1系列でスタートすることを提案していた。

泰人は坂本案を了承し、日系のプラントメーカーや中国の設備会社と交渉を開始した。

ところが、その矢先に想定外の出来事が発生し、交渉は中断を余儀なくされた。２００２年11月に中国広東省で発生したＳＡＲＳ（重症急性呼吸器症候群）であった。翌年７月に、中国中央政府が出した「新型肺炎制圧宣言」までの８ヵ月間で、約８０００人が感染し７７５人が死亡した。ＳＡＲＳ発生を機に、地方政府は渡航許可を制限しだした。

年が明けてもＳＡＲＳの猛威は衰えず、中国の対応はより厳しくなった。中国への渡航者をホテルに１週間留め、ＳＡＲＳが発症しないかを観察、確認した上で、入国を判断した。時間に余裕のない泰人は渡航を断念し、新設するリサイクル工場について発注先の現地日系プラントメーカーと電話及びファックスでやり取りし、何度も確認しながら青写真つくりを進めた。

ＳＡＲＳが収束に向かい出した２ヵ月後、約半年ぶりに蘇州に出向いた泰人は蘇州工業園区管理委員会に施工申請を提出し、後に施工許可証を取得後、２００３年

6月に工場建設が本格的に始動した。7月に中国政府が出した「新型肺炎制圧宣言」を追い風に、リサイクル工場建設は急ピッチで進んだ。

最終的に蘇州工場は当初スケジュールより1年半遅れ、2005年6月に稼働する。SARSの影響によって、結果的に1年半を棒に振る形となった。

社長交代

中国プロジェクトが進む中で、社長川瀬泰淳は大きな決断をした。常々「社長業は長くても75歳まで」と決め、泰人など周囲に話していた。2003年で74歳になっていた。

泰淳と泰人との関係から、大してドラマチックではない雰囲気で「後を頼む」と伝えたという。

社長交代を告げられた泰人も「緊張することもなく、わかりましたと答えた」という。

泰人の中では、台湾を皮切りに海外展開をはじめた時期から会社を率いる「トップの意識」を持って経営にあたってきていた。

中国法人設立から９ヵ月後、蘇州瑞環プロジェクトが発足して５ヵ月後の２００３年９月25日に日本リファイン２代目社長川瀬泰人が誕生した。泰人が45歳の時だった。千葉蒸溜に入社して17年、日本リファインの専務昇格から10年の歳月が過ぎていた。

「中国プロジェクトを無事に立ち上げ、成功させるのが社長としての最初の仕事」と認識していた。

２００５年５月18日、〝世界の工場〟として脚光を浴びる蘇州工業園区内に、約12億円を投じ建設していた海外初の最新鋭リサイクル工場が完成、稼働した。

「いろんなことがありましたが、ようやくここまできました。蘇州プロジェクトは、企業家人生の集大成の１つになります。使用済み溶剤のリサイクル及び再資源化を通じて、中国の環境改善、自然保護に貢献できることを、本日、私は確信しました」

落成披露の式典で日本リファイングループトップ川瀬泰人はこう挨拶し、中国蘇州市、同園区管理委員会の共産党・政府要人、取引先関係者、約２００人が見守る中、蘇州プロジェクトを象徴する月産能力５００トンの連続蒸留装置が静かに動き出した。

3．再びの事故

鋭い音が響く

２００６年９月12日の午後10時10分頃、輪之内工場に鋭い音が響いた。爆発事故が発生した。工場長代理森淳二が車で駆けつけると、蒸留ヤードは火炎に包まれていた。大垣市管轄の化学消防車を含めたポンプ消防車10台以上が到着し、すでに消火活動が始まっていた。

県警大垣署によると、この爆発で製造課の従業員１名が顔などに軽いやけどを負った。輪之内工場は24時間操業をしており、当時７人で作業をしていた。爆発・火災は使用済み溶剤からアルコールを蒸留させる装置で起きた。

輪之内工場は蒸留塔14基を備え、薬品タンクも59基あった。一時は煙とともに激しい炎が吹き上がったが、懸命な消火活動により爆発から約2時間後の午後11時50分頃に鎮火した。危険ということで、その後も消防車による蒸留釜の冷却が続けられたが、完全に冷却するまでに、大型タンクローリー80台分の冷却水が防油堤内に排水された。

「災害対策本部」を立ち上げる

爆発音と消防車やパトカーの物々しいサイレンの中で、説田好孝や傍島浩二、本多義則ら、輪之内工場の幹部や従業員が続々と駆けつけてきた。消火活動が一段落した午後11時30分過ぎ、工場長代理森淳二は本社事務所の会議室に幹部社員や深夜番の作業員らを招集し、情報収集と個々の対応を協議、指示をした。

1班2人の計6班の調査団を編成し、翌日の早朝に輪之内工場の周辺、半径3キロメートルの地域を巡回、特に岐阜安八郡の中郷新田と呼ばれる近隣4地区を重点地域とし、お詫びと被害状況等の徹底調査を実施することとした。

社長川瀬泰人が中田清、長谷川光彦を伴って、輪之内工場に到着したのは、まだ夜が明ける前の13日の午前5時頃であった。すぐに現場の状況を確認すると、泰人は幹部を会議室に招集し第1回目の「災害対策会議」を開いた。会議では近隣対応の責任者に説田、輪之内町、消防、警察など行政への対応には中田と森が担当することを決めた。

日が明けて午前10時過ぎ、多くのマスコミが駆けつけてきた。事故発生が夜で現場状況がわかりにくかったこともあり、事故状況を撮影するために現場近くまで入り込んできた。記者を押しとどめ、事故が起きないように従業員は規制線を張るなど、慣れない対応に追われた。

あっという間に時間が過ぎていくと、マスコミから記者会見の要求の声が上がり始めた。近隣住民への謝罪を最優先にする川瀬泰人は、「あまり時間を遅らせては良くない」と判断し、現時点で判明していることは全て公表することを決めた。

午後2時、輪之内工場の社員食堂を臨時の会見場として記者会見が開かれた。司会進行を務める長谷川光彦に紹介され、社長川瀬泰人、製造部門責任者中田清、輪之内工場長代理森淳二が立ち上がり、一斉に頭を下げた。

「ジエチレングリコールを主成分とする使用済み溶剤を精製するため、炭酸ソーダ水を加えて加熱していたところ、釜の内部で何らかの反応が起き始め、定常の操作圧力を維持できなくなりました。作業を断念し釜液の冷却を行いましたが、圧力が急激に上昇し爆発、火災となりました」

後に発足する事故調査委員会の最終結論は、「釜内で水素が発生する反応が生じ、釜圧力が急上昇して、引火爆発に至った」ものとみられた。

被害状況については仁木幼稚園、鉄工所など12ヵ所の施設、建物のガラス、壁、門扉等の破損があった。今朝の6時、調査団は昨夜の会議で決めた通り、工場周辺の半径3キロメートルの地域を調査していた。特に工場近隣の4地区と、揖斐川の支流、中江川を重点地域とし被害状況等の徹底調査を行っていた。

記者会見では誠実に対応することに徹し、まずは名刺交換することをお願いし、一人一人に直接お詫びを申し上げた。

「これで事故は2度目ですね。安全対策に欠陥、手抜きがあるんじゃないですか」

と厳しい質問もなされた。

泰人はお詫びを繰り返し丁寧に説明した。

「近隣の皆様には大変なご迷惑をおかけし、深くお詫び申し上げます。安全の確保ができなかったことに対し、経営者として重責を感じています。一回目の事故以来、より安全な操作ができるよう、ハード面・ソフト面両方から対策を強化してきたつもりでしたが、現実はこの様な結果となってしまいました。原因はまだわかっておりませんが今後調査し、このような事故を二度と起こさないような対策を講じた上で、再度ご報告させていただきたく思います」

個別訪問、説明会

記者会見後、製造部門の責任者である中田清は工場長代理森淳二を伴い、輪之内町役場、町議会、区長会、警察署、消防署、労働基準監督署、保健所を訪れ、お詫びと状況説明を繰り返した。関係各所からは安全対策の厳しい見直しとともに、今後のしっかりした対応策を要求された。

午後８時、今後の対策を検討する４回目の災害対策会議が招集された。中田と森を筆頭に、幹部が出席した。当然、泰人も同席したことはいうまでもなかった。議題は事故原因の究明と防止策、安全対策、補償を含めた近隣対応、及び損壊設備の復旧問題や事業再開に向けた行政対応等であった。

事故後の初めての住民説明会では、「1990年の時は、2度と事故を起こさないという約束で事業再開を認めたが、2回目の事故が起きた。万が一、3度目の爆発火災事故を起こすようなことがあれば、輪之内町から撤退するように」との厳しい意見も相次いだ。

その後、泰人は事故原因の究明、安全対策の徹底、再発防止のために、安全に関する第一人者の招聘を指示した。最終的に白羽の矢が立ったのは安全工学の最高権威者で当時、東京大学名誉教授で横浜国立大学教授の田村昌三であった。そして、田村教授に指導を仰ぐ「社内事故調査委員会」（委員長＝堀博プロセス開発部長）が発足し、輪之内町、消防、保健所等へ「事故報告書」を提出したのは事故から約1ヵ月後の10月19日であった。

9月12日の蒸留塔爆発以降、中田清と森淳二、そして近隣対応の責任者説田好孝が一番心を砕いたことは、社長川瀬泰人に厳命された地域住民、被災者へのきめ細かな対応であった。工場幹部らは被災した近隣住民の個別訪問を繰り返し、また安八郡中郷新田の4つの地区で町内会施設を借りて度々、説明会を開くなど、その時点で把握している最新の事故原因及び再発防止策を説明し、理解を求め続けた。

金銭的補償問題を含め、こうした近隣住民への誠意ある対応が地域住民や被災者の心をときほどき、懸念されていた工場設備の復旧、操業再開に関しての理解が徐々に広がっていった。

蒸留塔やタンク等の製造設備の修理や設備の復旧は消防署から許可が下りたが、最終的に事業そのものの再開に関する許認可権は地域住民の代表である輪之内町議会の承認をもらう必要があった。つまり、事業再開の了承を得るには、輪之内町議会の過半数の同意が必要であった。

原因は水素ガス発生

社長川瀬泰人は11月15日に大垣工場、12月7日に千葉工場で対策会議を開催した。両会議の議論を踏まえて、日本リファインとして地方自治体や監督官庁に「危険物施設事故の再発防止対策」を提出したのは、年も押し詰まった2006年12月25日であった。

社内事故調査委員会は事故原因を突きとめるために、再現実験を繰り返し行った。これらの結果から、爆発事故から約1ヵ月後、爆発原因を次のように結論づけた。

「原料中のシリコンと水ならびにジエチレングリコールとの反応により水素が発生した。真空ポンプ及び安全弁の排気能力以上に水素が発生したので、釜圧力が急激に上昇して釜上部に亀裂が発生し、そこから噴出した。噴出した水素ガスが空気と爆発性混合気を形成し、重合発熱による発火、もしくはミスト帯電による着火などの要因により爆発に至った」

2度目の爆発事故を振り返って、川瀬泰人は心境を話す。

「同じ事故は起こさない。仮に反応が起きても、対応できるように安全対策は徹底してきたつもりでした。それなのに事故は起きた。このときは、何で起きたんだ、と信じられない気持ちでした」

前回の事故以来、急激な発熱反応など、反応暴走を起こす物質を如何に蒸留塔内に入れないようにするかについて徹底して取り組んできた。熱分析装置の充実化とその解析結果を運転マニュアルに付記し徹底すること。そして蒸留塔の安全装備などハード面での危険の回避にも取り組んできた。

今回の事故に結びついた原料は後の解析でわかったことであるが、従来弊社で行われていた熱解析のみでは〝問題なし〟となってしまうにも関わらず、実は大変な暴走反応を起こすものであった。

つまり、この原料は発熱反応と吸熱反応が同時に同じ熱量で起こるために、あたかも反応が起きなかったかのように見受けられるものだったということ。

したがって熱解析する担当者は従来通りマニュアルに則って熱分析装置に投入したが反応熱はほとんどなく安全な原料という間違った回答を出してしまい、報告を受けたオペレーターは全く問題の無いものとして蒸留装置内に投入し、その結果大事故に結びついたということである。

以降泰人は、熱解析以外に必ず発生ガスの量と成分を解析し、危険性のチェックをすることを義務づけた。

「賛成多数」で事業再開へ

社内事故調査委員会は従来の安全指針に「ガス発生検査項目」を、三重の事故防止策として盛り込んだ。検査内容は、「水素、酸素など危険性の高いガスが発生する場合はプロセス開発を中止する」というものであった。安全指針を確実に実行していくために、1台導入済みの熱暴走反応測定装置「ARC」を熱分析強化のため新たに1台購入することにした。

2007年3月16日、輪之内町議会が開かれ、輪之内工場の操業再開について討議された。採決の結果、15名の町議会議員の全員一致とはならなかったものの、「賛成多数」で事業再開が認可された。事故から184日が過ぎていた。

社内事故調査委員会が報告した三重の事故防止策は、①危険性のある原料を工場に入れない、②異状を早期に発見し、安全に装置を停止する、③万が一の場合、圧力安全装置を作動させる（ラプチャーディスクの装着）であった。

開発段階では、DSC（示差走査熱量計）、前述したARCを用い、蒸留時の熱安定性、暴走反応、あるいはガス発生試験により可燃性ガス発生の有無の確認など、ラボ試験段階で徹底した安全性評価を実施している。ＡＲＣは現在、４台体制で安全評価を行っている。

また、蒸留設備にはインターロックシステムを構築し、万が一の場合は自動的にシャットダウン、緊急冷却し、全設備の熱交換器部にラプチャーディスク（破裂板）や自動消火システムを設置している。

公害防止協定の締結

事故からしばらく経って、輪之内工場長代理森淳二に輪之内町から１９８６年10月１日に両者間で結んだ公害防止協定の見直しと、新たに輪之内町の中新田、中郷新田、下新田、海松新田の地元４地区の区長を立会人とした「６者による公害防止協定締結」の要望があった。

事故の対応に忙殺される中、森は直ちに動き出した。輪之内町と４区長との間を何度も行き来し、２００７年３月中旬、新公害防止協定の素案をまとめた。まとめると、森は間髪を入れず、輪之内町の全区長、地元住民、輪之内町の幹部や町会議員を対象に、工場見学会を開催した。協定の内容、安全対策を理解してもらうためだが、3月22日から27日の1週間にわたる工場見学会で、日本リファインの安全・安心に対する取り組みが理解されだし、4区長をはじめ町会議員、地元住民らの頑なな態度が徐々に柔らかくなっていった。3月31日〜4月2日の間に、4区長の自宅を森は訪問し、公害防止協定の立会人の記名と押印をお願いした。

森は4月3日に、輪之内町と日本リファイン、そして4区長の立会人の記名と押印の公害防止協定を6部、輪之内町に提出した。4月4日、日本リファインは大垣市消防署より危険物製造所の使用停止命令の「命令解除通知書」を受け取る。役場での事務手続きが終わり、翌5日に輪之内町よりの公害防止協定締結の連絡がくる。森は輪之内町を除く5部の協定書を役場に取りに行き、4月6日、4区長に協定書を配布した。

当時を振り返り、工場再開に奔走した森はこう述べる。

「輪之内役場からの公害防止協定の締結条件としてではありませんでしたが、ISO14001の取得と、弊社の公害対策に対し区長や地元住民が意見の言える体制の構築、公害に対し積極的に情報公開をするように要望がありました」

２００９年6月、環境の国際マネジメント「ＩＳＯ１４００１」をわずか2年で取得する。日本リファインは直ちに、輪之内町の要望実現に動いた。

無事故・無災害を目指す取り組みは、品質と共に日本リファインに〝安心・安全〟のＤＮＡを植え付けた。今も事故を教訓に、川瀬泰人は社員と共に〝安全神話確立〟に挑み続けている。

最近の泰人曰く

「マニュアルに頼れば人は頭を使わず退化し、想定外が続出する。

マニュアルで出来るものは自動化すれば良い。

人は頭を使う仕事に従事すべし」

4.「こころ」のリファイン

未来からの逆算

２０１６年６月22日に日本リファインは創業50周年を迎えた。

社長川瀬泰人はこの大きな節目が視野に入った時、あたらためて経営を振り返った。時代の雰囲気、社会情勢の変化、経済トレンド、常に変動する日本リファインを取り巻く環境に適宜対応し、持続的成長が可能な企業でいられているか、さまざまな角度から日本リファインの「姿」を見直した。

「世の中の流れがどんどん速くなっている。今までのやり方では取り残される可能性がある」

一種の危機感を持った。そこで、泰人は経営計画の立て方を大きく変えることを決断する。これまでのように現在から毎年の目標・計画を立て、それを積み上げ３年後の業績や企業像を予想するのではなく、10年後のあるべき姿を決め、それを実現するには毎年何をすればいいかを決める「バックキャスト」の経営を取り入れることにした。

２０１３年10月に社内に指示を出し、バックキャストによる中期経営計画を立てる動きが始まった。どのように進めていくか検討する中で、近未来の理想像を決めるには、その時代を担うことになる若手社員の意見を取り込むことが必要との考えが出された。

２０１４年年明けから、研究開発本部にある未来創造研究室のメンバーを核にプロジェクトを立ち上げ、日本リファインの未来像を描き出していった。

10年後の環境制約として人口増加、エネルギーの枯渇、生物多様性の劣化、水問題、気候変動問題、大気環境問題、廃棄物・有害物質の規制強化をあげた。

これに対応する社会の変遷として地下資源利用から「地上資源利用」へ、資源浪費型社会から「資源循環型社会」に移行することや、また自然と決別した産業革命が「バイオミメティクスへの挑戦」で変化し、さらに資本至上主義から「心豊かなライフスタイル」に変わっていくと予想した。こうした変化の中で、日本リファイングループは「世界に感動を与えるソリューションの提供を実現するとともに、世界の常識を変える企業となる」ことを打ち出した。10年後のあるべき姿・ありたい姿は「超一流のグローバル企業」と位置づけた。

そして、そこに向かうために「既存事業の強化」「グローバル化」「新規事業の創出」の3本柱が不可欠としたのだった。これを支えるものとして「新技術の開発・獲得」も重視した。

これをベースに企業戦略と経営目標を作り上げ、2024年6月期の目標売上高は430億円、このうち新規事業が100億円を占め、海外比率は45%、新規技術の寄与は全売上高の25%という内容だ。

また、この10年を3期に分け、フェーズ1「既存事業強化と新規事業創出」(2014年7月~2017年6月)、フェーズ2「グローバル化と新規事業の加速」(2017年7月~2020年6月)、フェーズ3「新規事業の本格立ち上げと新技術の戦力化」(2020年7月~2024年6月)とその展開を決めた。このスケジュールには「中国・台湾地域以外への工場設立」など事業戦略の目標も記載している。いつまでに何を目指し、何をすべきなのか、それが書かれた「ロードマップ」を逆算で描いてみせた。

経営理念の変革

もう一つ社長川瀬泰人が50周年を迎える前に変えたものが、経営理念だ。それまで

「人類が持続可能な社会を構築するための資源循環と環境保全を業とし社会に貢献する」としていたが、２０１６年2月に改訂。新しい経営理念

「人類が持続的に発展できる社会を実現するために『資源』『環境』『こころ』のリファインを業とし社会に貢献する」

とした。泰人は

「行き詰まろうとしている環境問題に対して人のライフスタイルを変える必要もある」

と気づいたのだ。

「心のリファイン事業」とは何か。泰人は

「人の心を豊かにする事業、つまり将来の心豊かなライフスタイルの創造だ」

と定義している。例えば、

「ヒトの健康への貢献」

生物由来のアンチエイジング物質の開発と製造

「ヒトの食に関する貢献」

高機能食材のための有用物質（植物由来）の開発と製造

「飲料水の安全に関わる貢献」

有害藻類の増殖抑制による水資源の確保

などがある。

もう一つ大きなテーマとして

「地上資源由来の溶剤とその循環」

もあげる。地下資源由来の溶剤を循環させることで資源を守り、環境を保全に貢献してきた日本リファインだが、さらに進めて地上資源から溶剤をつくろうとまで考えている。低毒性かつカーボンニュートラル溶剤を普及させ、さらにそれを循環することで産業活動の環境負荷を極めて小さくすることを目指す。

また、泰人が力を入れているのが、

「ヒトの心を豊かにする文化・伝統の活性化への貢献」

である。特に日本文化に対しての思いがあり、「伝統工芸」を掘り起こし現代社会とマッチングさせることで活性化させようと考えている。光の当たり方で色が違って見える染め物。この一度途絶えてしまった染めの技術を復活させた作家（奥田祐斎）や、新しい書の伝承に挑戦している書家（木積凜穂）、そして新進気鋭の陶芸家（畑名修嗣）。泰人は才能豊かな人たちとの関係を築いている。

「人は楽しむために生きているのだと思っています。でも、環境問題などを考えると、これまでの通りのやり方では、楽しく、豊かに暮らしていくことは難しくなるのは明らかです。これまでなかったもの、意識しなかったものを取り入れることで心豊かに、楽しく生きていける。日本リファインはそうしたことを実現するグローバル企業になっていきたいのです」

社長川瀬泰人が話す目標は壮大だが、実現が不可能なものではない。50周年を超え、１００年企業となるまでには、日本リファイングループの経営陣と社員、そしてその「仲間」によって実現しているかもしれない。

了

「資源」「環境」「こころ」のリファイン
日本リファイン　半世紀の“輝跡”
地下資源から地上資源活用へ！

NDC335

2016年8月22日　初版1刷発行　（定価はカバーに表示されております）

© 編　者　日刊工業新聞特別取材班
発行者　井水　治博
発行所　日刊工業新聞社
〒103-8548　東京都中央区日本橋小網町14-1
電　話　書籍編集部　03（5644）7490
販売・管理部　03（5644）7410
F A X　03（5644）7400
振替口座　00190-2-186076
U R L　http://pub.nikkan.co.jp/
e-mail　info@media.nikkan.co.jp
製　作　㈱日刊工業出版プロダクション
印刷・製本　新日本印刷（株）

落丁・乱丁本はお取り替えいたします。
2016 Printed in Japan
ISBN：978-4-526-07596-4